Christian Schlieder

Autodesk® Inventor® 2012
Aufbaukurs KONSTRUKTION

Viele praktische Übungen am
Konstruktionsobjekt GETRIEBE

Christian Schlieder

Autodesk® Inventor® 2012
Aufbaukurs KONSTRUKTION

Viele Praktische Übungen am
Konstruktionsobjekt GETRIEBE

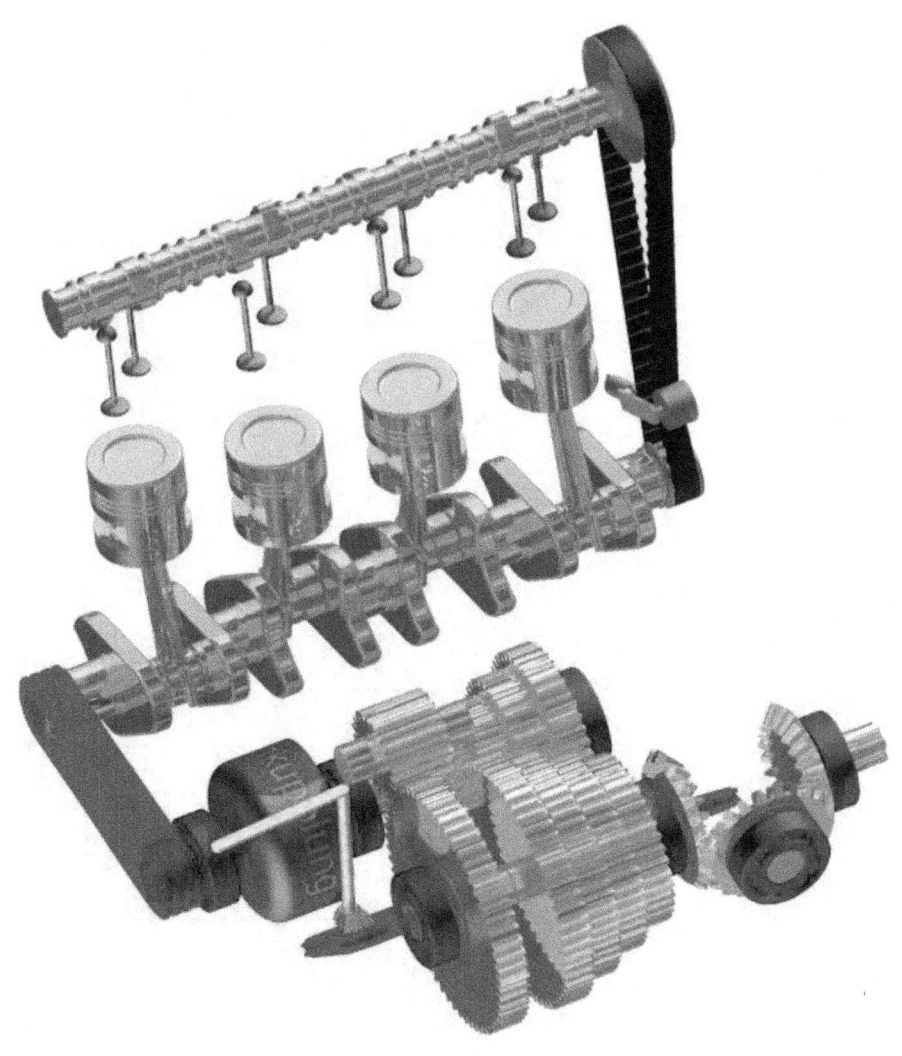

Weiterführende Literatur

Inventor 2012® Grundlagen in Theorie und Praxis	Inventor® 2012 Das Grundlagenkompendium	AutoCAD® 2012 Das Grundlagenkompendium

ISBN: 9783842369160	ISBN: 9783842366572	ISBN: 9783842373594
24,95 Eur	29,90 Eur	29,90 Eur

Frontal-Schulung

Frontal-Schulungen können in Ihrer Firma oder in unseren Räumlichkeiten in Berlin stattfinden. Jeder Teilnehmer erhält eigene Schulungsunterlagen, welche sukzessive abgearbeitet werden. Der Trainer wird Fragen direkt und ausführlich an den einzelnen Arbeitsplätzen klären, somit ist eine intensive und individuelle Betreuung möglich.

Gern senden wir Ihnen einen Kostenvoranschlag.

Kostenlose Videos auf www.YouTube.com

Viele Übungen aus unseren Büchern stehen kostenlos als Videos auf der folgenden Website zur Verfügung:

http://www.youtube.com/user/DerCADTrainer

Dieses Buch wurde durch Autodesk® geprüft und zertifiziert. Alle im Buch enthaltenen Informationen wurden nach bestem Wissen und Gewissen geprüft.

Da Fehler nicht ausgeschlossen werden können, übernehmen Autor und Verlag weder Verantwortungen, Verpflichtungen oder Garantien jeglicher Art, noch Haftung für die Benutzung der bereitgestellten Informationen.

Autor und Verlag übernehmen keine Gewähr dafür, dass die beschriebenen Vorgehensweisen oder Verfahren frei von Rechten Dritter sind.

Das Werk ist urheberrechtlich geschützt. Übersetzung, Nachdruck, Vervielfältigung, sonstige Verarbeitung des Buches oder von Teilen daraus sind ohne Genehmigung des Autoren nicht erlaubt.

Autodesk® Inventor® 2012 ist ein eingetragenes Markenzeichen von Autodesk, Inc., und/ oder seiner Tochtergesellschaften und/ oder der Tochterunternehmen in den USA und anderen Ländern.

© 2012 Christian Schlieder

ISBN

9783844807813

IMPRESSUM

Dipl.- Ing. Christian Schlieder
www.Ingenieurbuero-Schlieder.de
Fax: +49 (0) 3212 - 1122290

HERSTELLUNG UND VERLAG

Books on Demand GmbH, Norderstedt
www.BoD.de

INHALTSVERZEICHNIS

1	**DER UMGANG MIT DEM BUCH**	**3**
1.1	Zielgruppe & Aufbau des Buches	3
1.2	Digitales Zubehör zum Buch	3
2	**KOMPLETTIERUNG DES KURBELTRIEBES**	**4**
2.1	Theoretische Grundlagen zum Zahnriemenantrieb	4
2.2	Konstruktion eines Zahnriemenantriebes	4
2.2.1	Befehlsgrundlagen ZAHNRIEMEN-GENERATOR	4
2.2.2	Zahnriemenantrieb zwischen Nocken- und Kurbelwelle erzeugen	7
2.2.3	Befehlsgrundlagen ZUGFEDER-KOMPONENTEN-GENERATOR	12
2.2.4	Spannrolle des Zahnriemens mit einer Zugfeder beaufschlagen	14
2.3	Konstruktion einer Druckfeder	17
2.3.1	Befehlsgrundlagen DRUCKFEDER-GENERATOR	17
2.3.2	Druckfeder zwischen Ventil und Zylinderkopf erzeugen	19
3	**GETRIEBEKONSTRUKTION**	**21**
3.1	Theoretische Grundlagen zum Getriebeaufbau	21
3.2	Lagerung der Antriebs- und Abtriebswelle	22
3.2.1	Importieren der unteren Lagerhalterungen	22
3.2.2	Befehlsgrundlagen LAGER-GENERATOR	23
3.2.3	Erzeugen eines Zylinderollenlagers	24
3.2.4	Modellbaum strukturieren und Farbe zuweisen	26
3.2.5	Importieren der oberen Lagerhalterungen	26
3.2.6	Modellbaum strukturieren	27
3.3	Befestigung der Lagerhalterungen	27
3.3.1	Befehlsgrundlagen SCHRAUBENVERBINDUNGS-GENERATOR	27
3.3.2	Lagerhalterungen der Antriebswelle miteinander verbinden	30
3.3.3	Lagerhalterungen der Wellen am Motorgehäuse befestigen	34

3.4 Konstruktion der Getriebewellen — 36
- 3.4.1 Importieren der Lamellenkupplung — 36
- 3.4.2 Befehlsgrundlagen WELLEN-GENERATOR — 37
- 3.4.3 Konstruktion der Antriebswelle — 40
- 3.4.4 Befestigungsflansch der Antriebswelle mit Bohrungen versehen — 43
- 3.4.5 Schrauben aus dem Inhaltscenter importieren — 44
- 3.4.6 Abschließende Arbeiten an der Antriebswelle — 45
- 3.4.7 Importieren der Halterungen für die Rücklaufwelle — 46
- 3.4.8 Konstruktion der Rücklaufwelle — 47
- 3.4.9 Konstruktion der Abtriebswelle — 48

3.5 Konstruktion der Zahnradpaare — 50
- 3.5.1 Befehlsgrundlagen STIRNRÄDER-GENERATOR — 50
- 3.5.2 Konstruktion des Zahnradpaares für den ersten Gang — 52
- 3.5.3 Konstruktion der Zahnradpaare für die restlichen Vorwärtsgänge — 55
- 3.5.4 Importieren der Zahnräder für den Rückwärtsgang — 57
- 3.5.5 Wellen und Zahnräder mit Bewegungsabhängigkeiten versehen — 58

3.6 Konstruktion des Kegelradgetriebes — 62
- 3.6.1 Welle und Lager zur Platzierung der Kegelräder arrangieren — 62
- 3.6.2 Befehlsgrundlagen KEGELRÄDER-GENERATOR — 63
- 3.6.3 Konstruktion des Kegelradgetriebes — 65

3.7 Rollenketten erzeugen — 68
- 3.7.1 Befehlsgrundlagen ROLLENKETTEN-GENERATOR — 68
- 3.7.2 Konstruktion der Antriebskette — 70
- 3.7.3 Kettenantrieb mit Bewegungsabhängigkeiten versehen — 74
- 3.7.4 Animation des 4-Takt-Motors — 75
- 3.7.5 Konstruktion der Rollenkette für die Gangschaltung — 75
- 3.7.6 Kettenschaltung mit Schalthebel und Kegelradpaar versehen — 80

3.8 Konstruktion einer Keilwellenverbindung — 82
- 3.8.1 Befehlsgrundlagen KEILWELLEN-GENERATOR — 82
- 3.8.2 Erzeugen einer Keilwellenverbindung an der Getriebeausgangswelle — 84

3.9 Konstruktion von Rahmen und Reifen — 85
- 3.9.1 Befehlsgrundlagen GESTELL-GENERATOR — 86
- 3.9.2 Erzeugen des Motorradrahmens und der beiden Reifen — 87
- 3.9.3 Befehlsgrundlagen GEHRUNG — 89
- 3.9.4 Rohrsegmente durch Gehrung aneinander anpassen — 89

1 Der Umgang mit dem Buch

1.1 Zielgruppe & Aufbau des Buches

Dieses Buch ist ein Aufbaukurs für Fortgeschrittene, die mit den Grundlagen von **Autodesk® Inventor® 2012** bereits vertraut sind. Das Programm verfügt im Baugruppenbereich über ein Register **Konstruktion**, welches zur Berechnung und Konstruktion, von speziell im Maschinenbau verwendeten Komponenten dient. In einem komplexen Übungsbeispiel, wird der Leser theoretische Grundlagen einiger Befehle aus diesem Register erlernen und anschließend praktisch umsetzen.

Das verwendete Übungsbeispiel, baut auf das Grundlagenbuch **Autodesk® Inventor® 2012 – Grundlagen in Theorie und Praxis** auf, in welchem ein vereinfachter 4-Takt-Motor erstellt wurde. Dieser Motor, wird im vorliegenden Buch um ein komplettes Getriebe erweitert.

Die folgenden Befehle aus dem Reiter **Konstruktion**, werden in diesem Buch behandelt:

- **Druckfeder-Generator**
- **Gehrungen erzeugen**
- **Gestell-Generator**
- **Kegelräder-Generator**
- **Keilwellen-Generator**
- **Lager-Generator**
- **Rollenketten-Generator**
- **Schraubenverbindungs-Generator**
- **Stirnräder-Generator**
- **Wellen-Generator**
- **Zahnriemen-Generator**
- **Zugfeder-Generator**

Das Übungsbeispiel bietet genügend Möglichkeiten, die Befehlsketten sporadisch zu verlassen und eigene Versuche mit den Befehlen zu starten.

1.2 Digitales Zubehör zum Buch

Um die Übungen aus diesem Buch durchführen zu können, benötigen Sie vorgefertigte Übungsdateien, welche auf der folgenden Website kostenlos heruntergeladen werden können:

- http://www.Ingenieurbuero-Schlieder.de

Erstellen Sie auf Ihrem PC, an einem geeigneten Speicherort einen neuen Ordner **Getriebekonstruktion**. Speichern Sie die heruntergeladene Datei in diesem Ordner und entpacken diese dort (ZIP-Datei). Starten Sie **Autodesk® Inventor® 2012**, öffnen die Projektdatei **Konstruktion.ipj** und anschließend die Baugruppe **4-Takt-Motor.iam** aus dem Downloadordner.

2 Komplettierung des Kurbeltriebes

2.1 Theoretische Grundlagen zum Zahnriemenantrieb

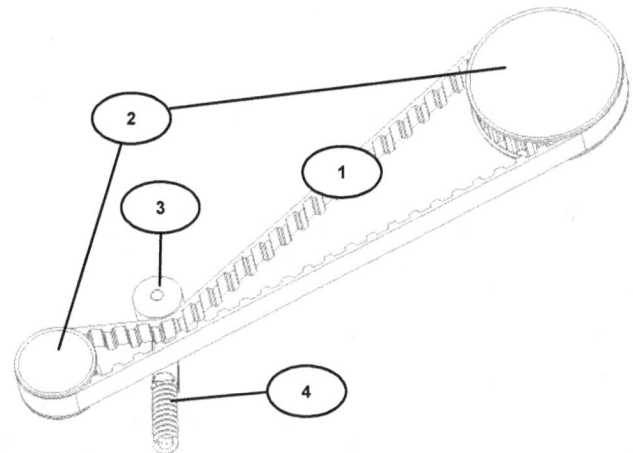

Abb. 1 Zahnriemen mit Spannrolle und Zugfeder (schematische Darstellung)

Die Nockenwelle des Motors, soll durch die Drehbewegung der Kurbelwelle angetrieben werden. Diese Verbindung, kann durch Zahnriemen-, Ketten- oder Zahnradantriebe realisiert werden. Häufig werden Zahnriemenantriebe verwendet. Diese sind, bedingt durch ihren Aufbau (Kunststoffgewebe mit innenliegenden Zugdrähten aus Metall), geräuscharm während des Betriebes und kostengünstig in ihrer Herstellung.

Der Zahnriemen (1) wird über Zahnräder geführt (2). Um einen Zahnriemen konstant auf Spannung zu halten, wird dieser mit einer zusätzlichen Spannrolle (3) bestückt, welche von einer Zugfeder (4) gespannt wird. Zahnriemen müssen nicht gewartet werden, unterliegen allerdings regelmäßigen Austausch-Intervallen.

2.2 Konstruktion eines Zahnriemenantriebes
2.2.1 Befehlsgrundlagen ZAHNRIEMEN-GENERATOR

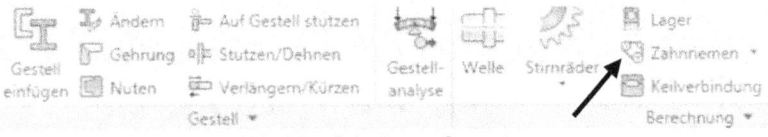

Abb. 2 Der Zahnriemen-Generator

Mit dem **Zahnriemen-Generator**, können Zahnriemenantriebe (bestehend aus Zahnriemen, Riemenscheiben und Spannrollen) berechnet und konstruiert werden.
Das Inhaltscenter, beinhaltet eine Auswahl an Riementypen, welche entsprechend der zugehörigen Norm bearbeitet werden können.

Konstruktion eines Zahnriemenantriebes

Der Zahnriemenantrieb kann auf bereits vorhandene geometrischer Elemente bezogen werden, die Darstellung des Elementes kann als Skizze, Volumenkörper oder detailliert erfolgen.

2.2.1.1 Reiter KONSTRUKTION

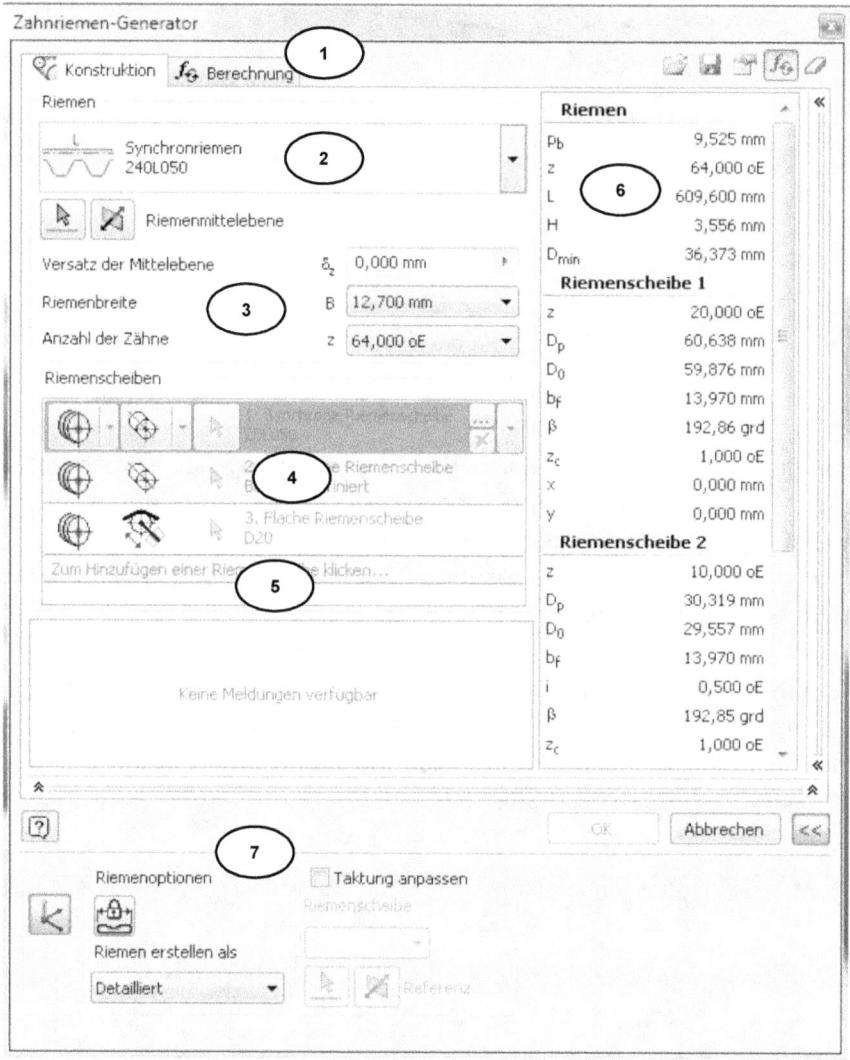

Abb. 3 Der Zahnriemen-Generator (Reiter: Konstruktion)

INHALT

Der Reiter **Konstruktion**, ermöglicht die Auswahl eines vordefinierten Riemens aus dem Inhaltscenter, sowie dessen Bearbeitung. Riemenscheiben und Spannrollen können hinzugefügt oder bearbeitet werden, die Zusammenstellung kann anschließend als Vorlage exportiert oder eine vorhandene Vorlage vorher importiert werden.

OPTIONEN

1) Reiter: Konstruktion oder Berechnung
2) Auswahl des Riementyps
3) Mittelebene, Riemenbreite und Zahnanzahl des Riemens
4) Verwalten der vorhandenen Riemenscheiben und Spannrollen
5) Hinzufügen neuer Riemenscheiben oder Spannrollen
6) Berechnungsergebnisse
7) Darstellung des Riementriebes (Skizze, Volumenkörper, Detail)

2.2.1.2 Reiter BERECHNUNG

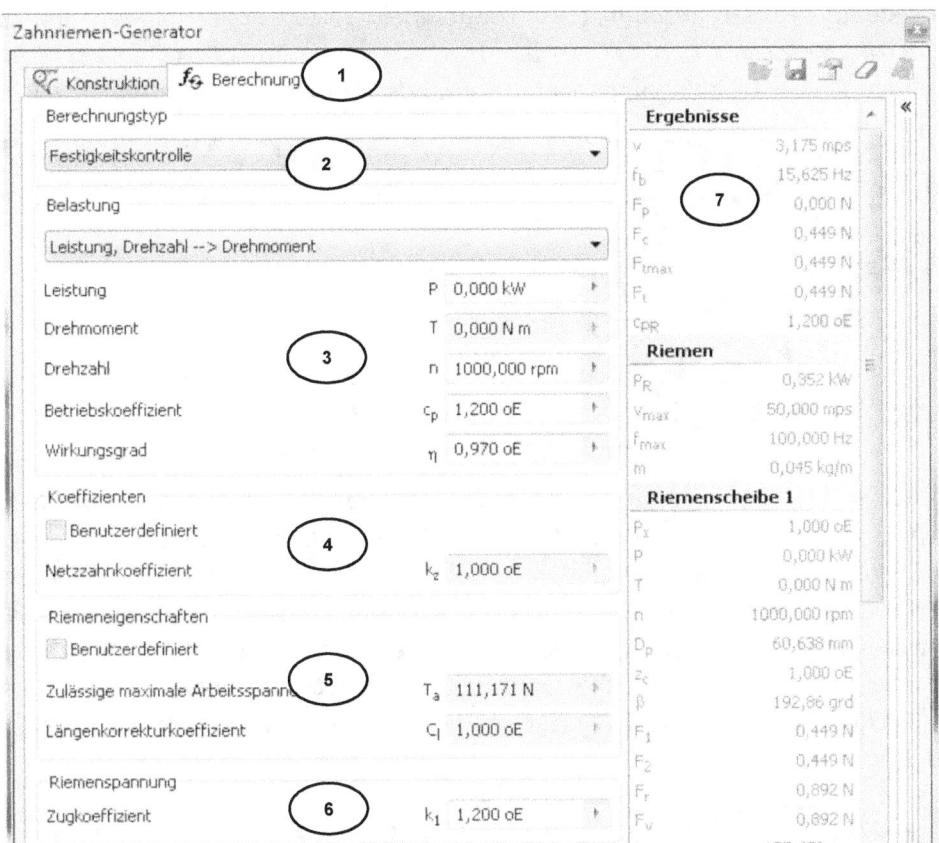

Abb. 4 Der Zahnriemen-Generator (Reiter: Berechnung)

INHALT

Der Reiter **Berechnung** ermöglicht die Auswahl des Berechnungstyps, der Belastungen, Koeffizienten, Riemeneigenschaften und Riemenspannung.

OPTIONEN

1) Reiter: Konstruktion oder Berechnung
2) Auswahl des Berechnungstyps
3) Definition der Riemenbelastung
4) Definition des Koeffizienten
5) Festlegen der Riemeneigenschaften
6) Definition der Riemenspannung
7) Berechnungsergebnisse

2.2.2 Zahnriemenantrieb zwischen Nocken- und Kurbelwelle erzeugen

Die Projektdatei **Konstruktion.ipj** (Downloadordner) sollte bereits aktiviert und die Baugruppe **4-Takt-Motor.iam** geöffnet worden sein. Wechseln Sie in das Register **Konstruktion** und starten in der Befehlsgruppe **Berechnung** den Befehl **Zahnriemen**.

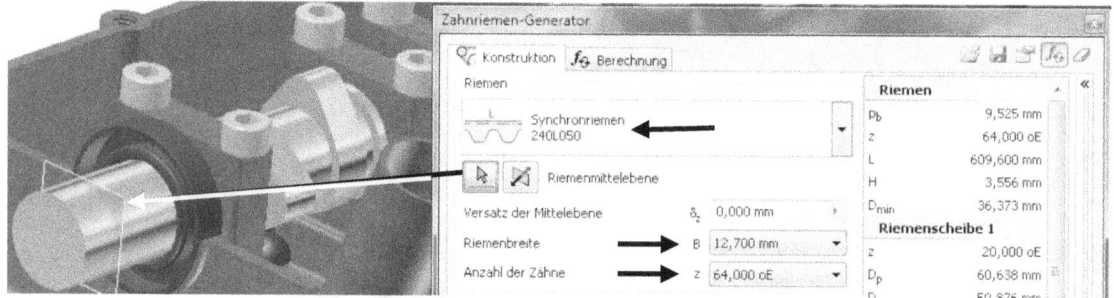

Abb. 5 Auswahl der Mittelebene des Zahnriemenantriebes

Ändern Sie im Register **Konstruktion** die Form des Riemens auf **Synchronriemen L** (hierfür bitte auf das **Riemensymbol** klicken) wählen eine **Riemenbreite** von **12,7 mm** und **64 Zähne** (Abb. 5). Der Zahnriemen-Generator bietet die Möglichkeit, Riemen und Riemenscheiben, auf bereits vorhandene geometrische Elemente der Baugruppe zu platzieren. Nockenwelle und Kurbelwelle sollen als Referenzen verwendet werden. Vorab muss der Riemenkonstruktion allerdings eine Referenzebene (**Riemenmittelebene**) zugewiesen werden. Wählen Sie hierfür die in Abb. 5 markierte kleine Ebene, welche sich auf der Nockenwelle befindet.

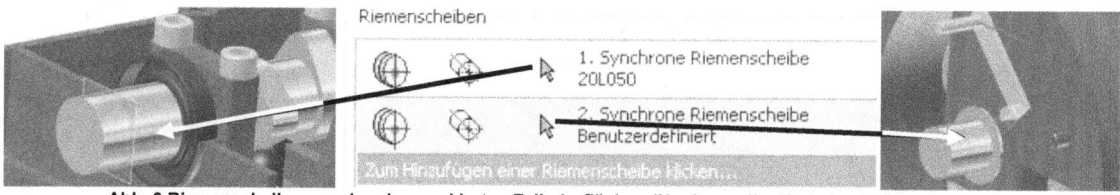

Abb. 6 Riemenscheiben werden den markierten Zylinderflächen (Nockenwelle, Kurbelwelle) zugewiesen

Nach der Definition der Mittelebene, können die Riemenscheiben ihren Referenzen zugewiesen werden. Im Auswahlfeld *Riemenscheiben* sollten bereits zwei Riemenscheiben voreingestellt sein. Achten Sie darauf, dass in beiden Zeilen die Optionen ⊕ Komponente *Komponente* und ⊕ Feste Position *Feste Position über ausgewählte Geometrie* eingestellt sind.

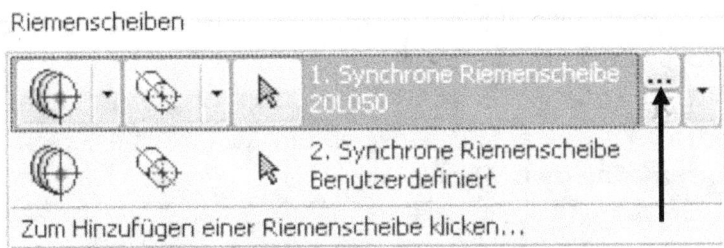

Abb. 7 Öffnen der Eigenschaften der ersten Riemenscheibe

Verwenden Sie die ▸ *Pfeile*, um den beiden Riemenscheiben als Referenzen die markierten Zylinderflächen (Nockenwelle, Kurbelwelle) aus Abb. 6 zuzuweisen. Die erste Riemenscheibe soll der markierten Zylinderfläche der Nockenwelle, die zweite Riemenscheibe der Zylinderfläche der Kurbelwelle zugewiesen werden.

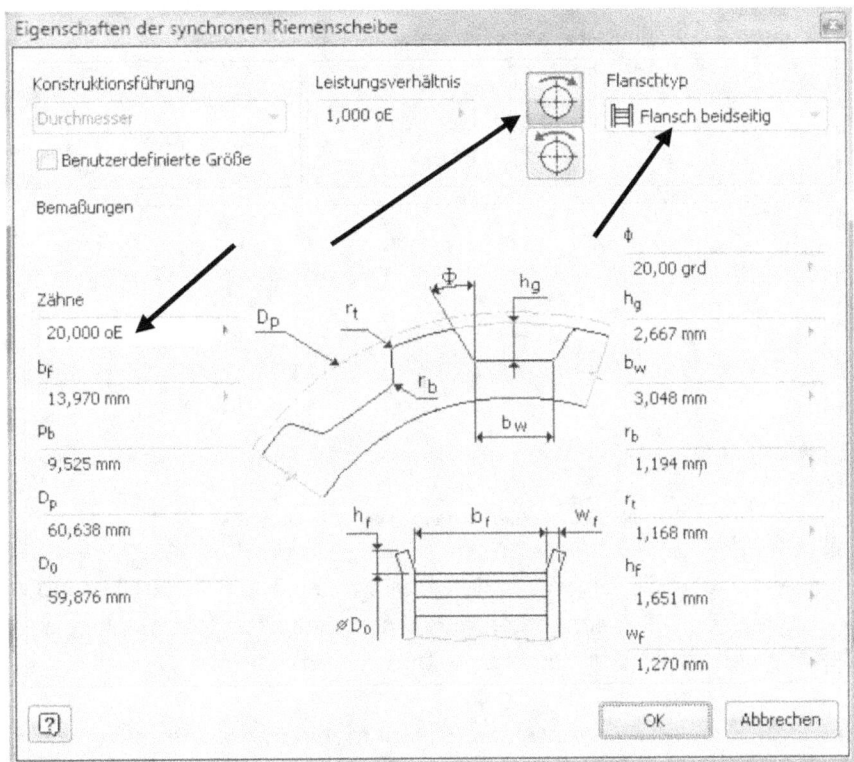

Abb. 8 Eigenschaften der ersten Riemenscheibe

Nachdem die Position des Riemenantriebes festgelegt wurde, müssen in den Eigenschaften der Riemenscheiben weitere Änderungen vorgenommen werden. Klicken Sie hierfür auf das Symbol mit den ⋯ **drei kleinen Punkten** (Abb. 7) in der Zeile des ersten Riemenrades. Dieses Symbol erscheint, nachdem die Zeile mit der linken Maustaste aktiviert wurde.

Ein neues Bearbeitungsfenster öffnet sich. Übernehmen Sie die in Abb. 8 dargestellten Änderungen und bestätigen mit OK **OK**.

HINWEIS: Änderungen in den grau hinterlegten Eingabefeldern sind erst nach Aktivierung der Option **Benutzerdefinierte Größe** möglich.

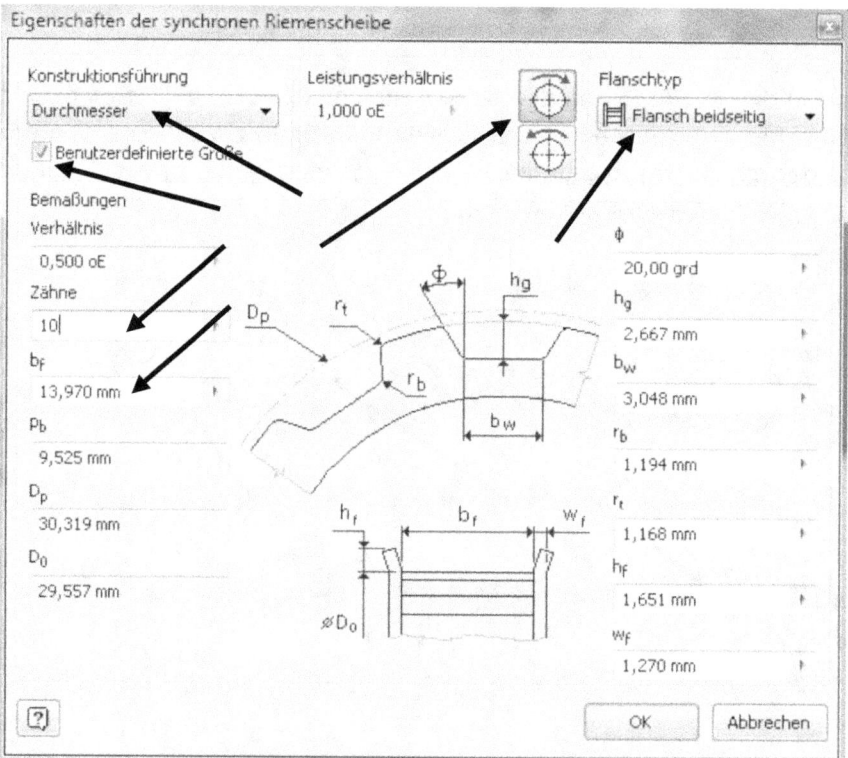

Abb. 9 Eigenschaften der zweiten Riemenscheibe

Öffnen Sie im Anschluss die Eigenschaften der zweiten Riemenscheibe und übernehmen hierfür die Werte aus Abb. 9. Zahnriemen müssen ausreichend fest montiert werden, um ein Rutschen des Riemens über die Riemenscheiben zu verhindern.

Aufgrund der Materialeigenschaften eines Zahnriemens, kann sich dieser mit der Zeit längen, was ein Rutschen des Riemens über die Zähne des Zahnrades zur Folge haben könnte.

Konstruktion eines Zahnriemenantriebes

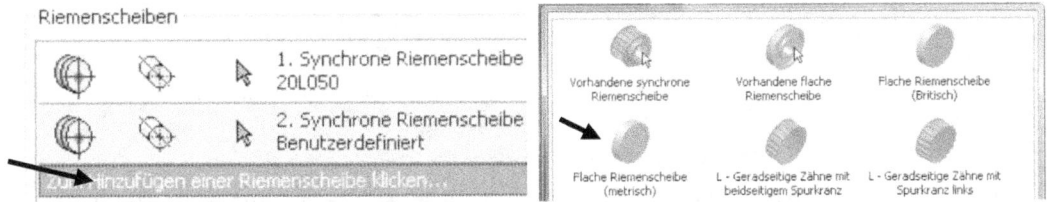

Abb. 10 (L) Hinzufügen eines Elementes; (R) Auswahl der flachen Riemenscheibe (metrisch)

Um den Zahnriemen dauerhaft zu spannen, werden häufig automatische Riemenspanner verwendet. Im folgenden Schritt, soll den beiden vorhandenen Riemenscheiben, eine Spannrolle in Form einer flachen Riemenscheibe hinzugefügt werden.

Klicken Sie hierfür, auf die in Abb. 10 markierte Option *Zum Hinzufügen einer Riemenscheibe klicken...* und wählen die *Flache Riemenscheibe (metrisch)*.

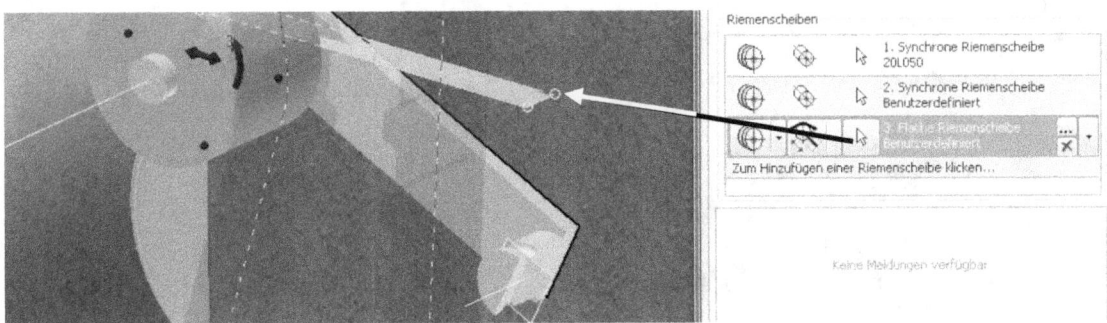

Abb. 11 Markierte Ebene als Referenz für die Spannrolle wählen

Hier sollten die Optionen *Komponente* und *Richtungsorientierte verschiebbare Position* sowie als *Richtungsreferenz*, die in Abb. 11 markierte Ebene zugewiesen werden.

> **HINWEIS**: Zahnriemenantriebe unterliegen strengen Berechnungsvorschriften. Um dem Programm zu ermöglichen, die Riemenlänge unter Beachtung dieser Vorschriften korrekt zu errechnen, ist es notwendig, eine der drei Riemenscheiben mit einem zusätzlichen Freiheitsgrad zu versehen.

Die Option *Richtungsorientierte verschiebbare Position* gibt der flachen Riemenscheibe die Möglichkeit, sich entlang der definierten Ebene zu bewegen.

Hierdurch kann die Position der Riemenscheibe auf der Ebene frei verschoben, die Zahnriemenlänge korrekt berechnet und der Zahnriemenantrieb fehlerfrei erzeugt werden.

Konstruktion eines Zahnriemenantriebes

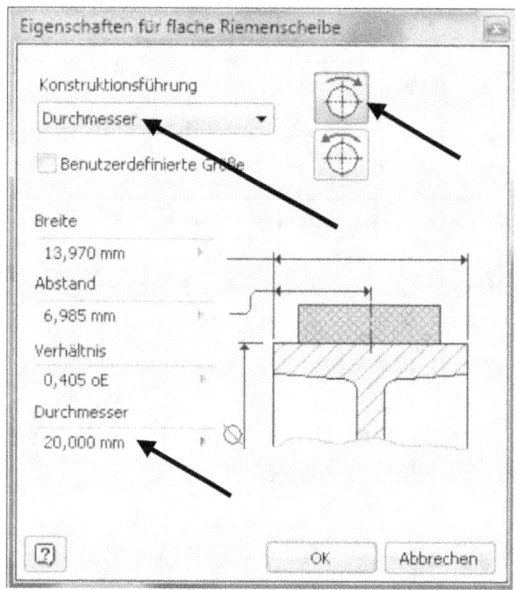

Abb. 12 Eigenschaften der flachen Riemenscheibe

Anschließend die [...] **Eigenschaften** der flachen Riemenscheibe öffnen, um Werte und Einstellungen aus Abb. 12 zu übernehmen.

Da wir mit einer glatten Spannrolle arbeiten, muss diese auf der ebenfalls glatten Außenseite des Zahnriemens laufen. Momentan befindet sich der Riemen allerdings noch auf der falschen Seite (Abb. 13 – L).

Auf der Spannrolle befindet sich ein gebogener Pfeil und weitere Markierungen (Punkte, Doppelpfeile). Jede dieser Markierungen, ermöglicht ein manuelles Ändern der geometrischen Eigenschaften, parallel zu den Auswahloptionen im Befehlsfenster.

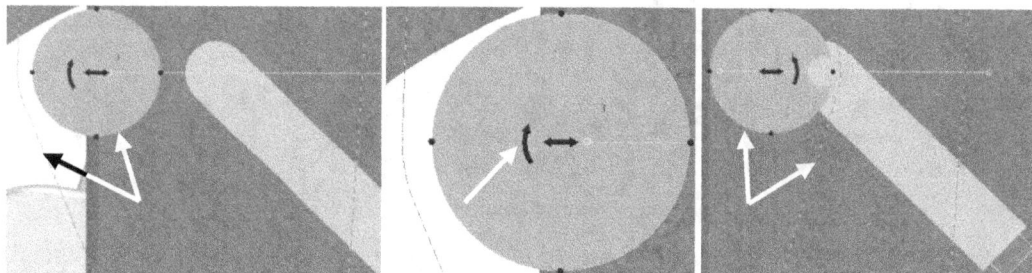

Abb. 13 (L) Zahnriemen außerhalb Spannrolle; (M) Gebogener Pfeil; (R) Position des Zahnriemens wurde korrigiert

Die Punkte zum Beispiel, ändern den Durchmesser der Spannrolle, der Doppelpfeil die Position auf der Referenzebene und der gebogene Pfeil die Position des Riemens, bezogen auf die Spannrolle.

Klicken Sie auf den **gebogenen Pfeil** (Abb. 13 - M), um die Spannrolle außerhalb des Zahnriemens zu platzieren. Das korrigierte Ergebnis, sollte dann wie in Abb. 13 – R dargestellt angezeigt werden.

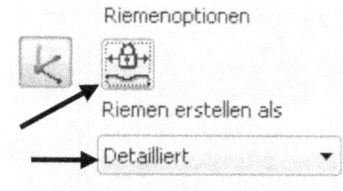

Abb. 14 Erweiterte Riemenoptionen

Achten Sie darauf, im unteren Bereich des Reiters **Konstruktion**, die **Riemenlängensperre** zu **deaktivieren** und die Option **Detailliert** zu aktivieren (Abb. 14). Im Reiter f_G Berechnung **Berechnung** kann anschließend der Befehl Berechnen **Berechnen** gestartet werden.

> **HINWEIS**: Sollten nach der Berechnung eine oder mehrere Fehlermeldungen im unteren Hinweisfenster angezeigt werden, wechseln Sie bitte ins Register **Konstruktion** und prüfen, ob die Referenzen der beiden ersten Riemenscheiben (Zylinderfläche Nockenwelle und Kurbelwelle) erneut definiert werden müssen.

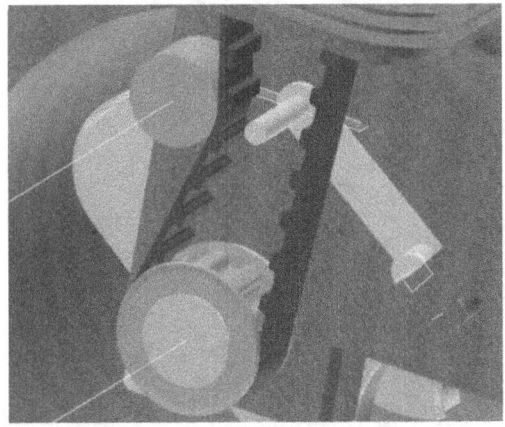

Abb. 15 Zahnriemen, Spannrolle und untere Riemenscheibe

Die Fehlermeldung *Der Durchmesser der bei der Übertragung verwendeten Riemenscheibe ist kleiner als der empfohlene Mindestwert* kann ignoriert werden, da aufgrund der konstruktiven Randbedingungen des Motorgehäuses, keine größeren Riemenscheiben verwendet werden können.

Bei anderen Fehlermeldungen, prüfen Sie bitte erneut alle Eingaben. Leider neigt das Programm, bei diesen komplexen Berechnungsbefehlen, häufig zu internen Berechnungsfehlern.

Bereits minimale Abweichungen der Eingaben, können zu Komplikationen im Berechnungsvorgang führen. Bestätigen Sie den Befehl mit `OK` **OK** und das Programm berechnet den Zahnriemenantrieb.

Sollte ein Berechnungsproblem auftauchen, dessen Ursache nicht lokalisiert werden kann, beenden Sie den Befehl trotzdem mit `OK` **OK** und akzeptieren in den folgenden Fenstern die Fehlerbedingungen.

Nachdem der gesamte Zahnriemenantrieb generiert wurde, muss die Spannrolle mit einem Spannrollenhalter verbunden und gespannt werden. Starten Sie den Befehl **Zugfeder**.

2.2.3 Befehlsgrundlagen ZUGFEDER-KOMPONENTEN-GENERATOR

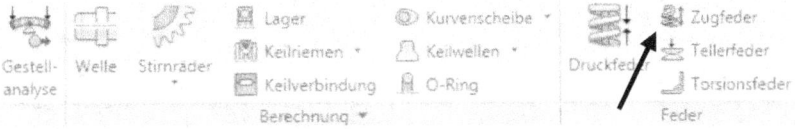

Abb. 16 Der Zugfeder-Komponenten-Generator

Der **Zugfeder-Komponenten-Generator**, dient zur Berechnung und Konstruktion von Zugfedern. Ein Referenzieren der Feder auf geometrische Elemente der Baugruppe, ist während des Befehls nicht möglich und muss anschließend manuell durchgeführt werden.

2.2.3.1 Reiter KONSTRUKTION

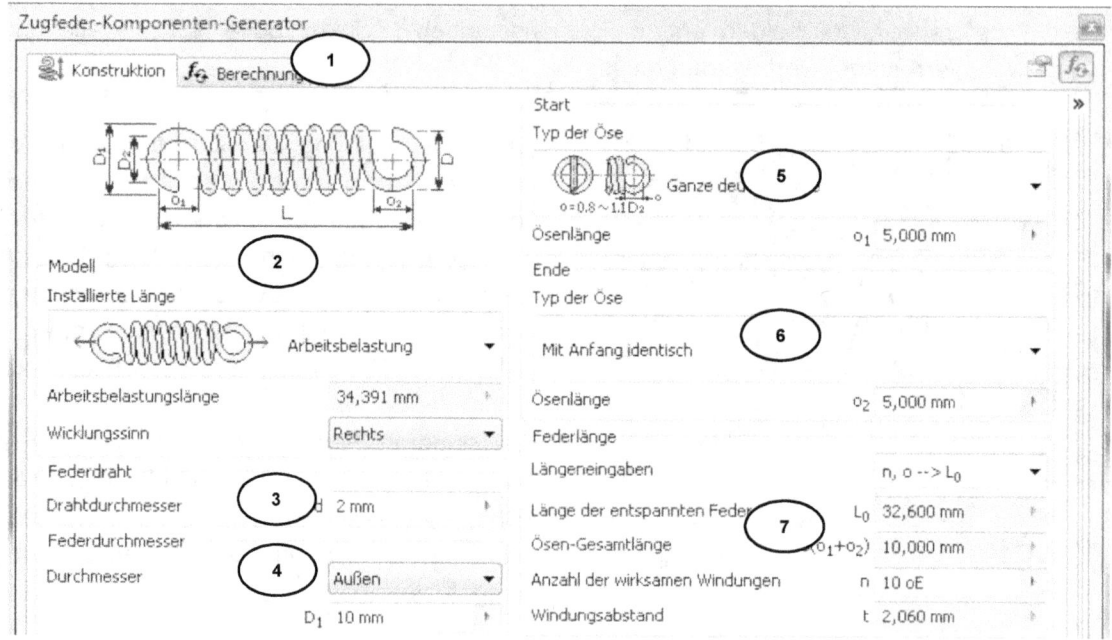

Abb. 17 Der Zugfeder-Komponenten-Generator (Reiter: Konstruktion)

INHALT

Im Reiter **Konstruktion** können Darstellung der Feder (Belastungszustand, Wirkungssinn), Drahtdurchmesser, Ösentyp und Federlänge definiert werden.

OPTIONEN

1) Reiter: Konstruktion oder Berechnung
2) Darstellung Belastungszustand
3) Durchmesser Federdraht
4) Durchmesser Feder
5) Typ der ersten Öse
6) Typ der zweiten Öse
7) Auswahl Federlänge

2.2.3.2 Reiter BERECHNUNG

INHALT

Im Reiter **Berechnung** werden der Typ der Festigkeitsberechnung definiert, Belastungen, Bemaßungen, Vorspannungen, Material, Windungen und Montageabmessungen der Feder festgelegt.

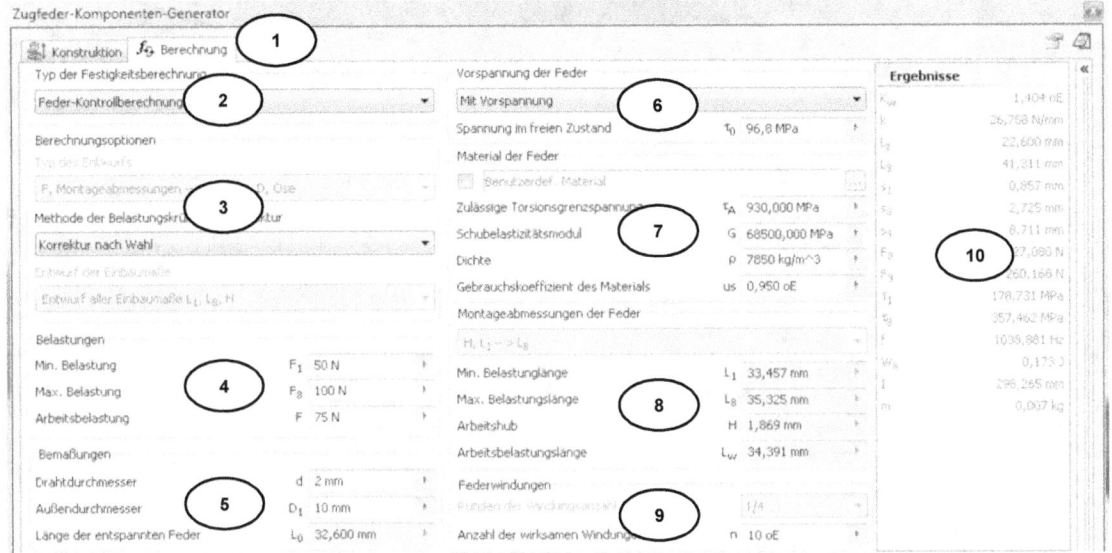

Abb. 18 Der Zugfeder-Komponenten-Generator (Reiter: Berechnung)

OPTIONEN

1) Reiter: Konstruktion oder Berechnung
2) Typ der Festigkeitsberechnung
3) Berechnungsoptionen
4) Wert der Belastungen
5) Abmessungen der Feder
6) Vorspannung der Feder
7) Federmaterial
8) Montageabmessungen der Feder
9) Anzahl der Federwindungen
10) Berechnungsergebnisse

2.2.4 Spannrolle des Zahnriemens mit einer Zugfeder beaufschlagen

Ein Zahnriemen kann, aufgrund der äußeren Einwirkungen (Wärme, Zugkraft), seine geometrischen Abmessungen verändern. Das bedeutet eine Änderung des Riemenumfangs.

Deshalb ist es notwendig, den Riemen konstant zu spannen. Üblicherweise wird dies durch einen automatischen Riemenspanner erledigt.

Unser Riemenantrieb, enthält bereits eine flache Spannrolle, welche in der folgenden Übung mit einer konstanten Federzugkraft beaufschlagt werden soll. Starten Sie den Befehl **Zugfeder**.

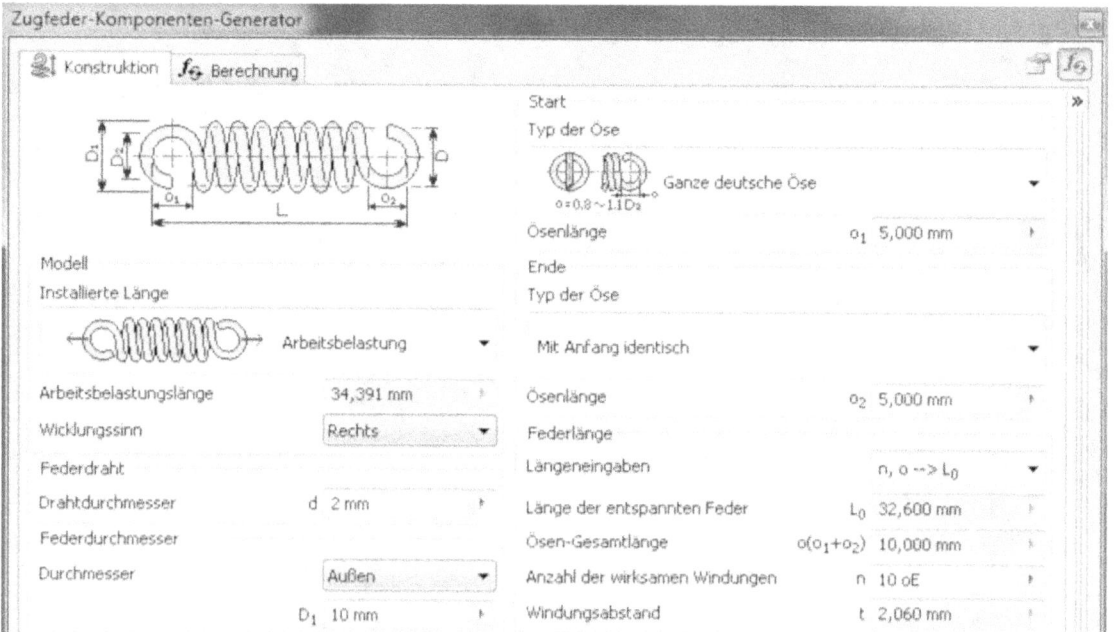

Abb. 19 Der Zugfeder-Komponenten-Generator (Reiter: Konstruktion)

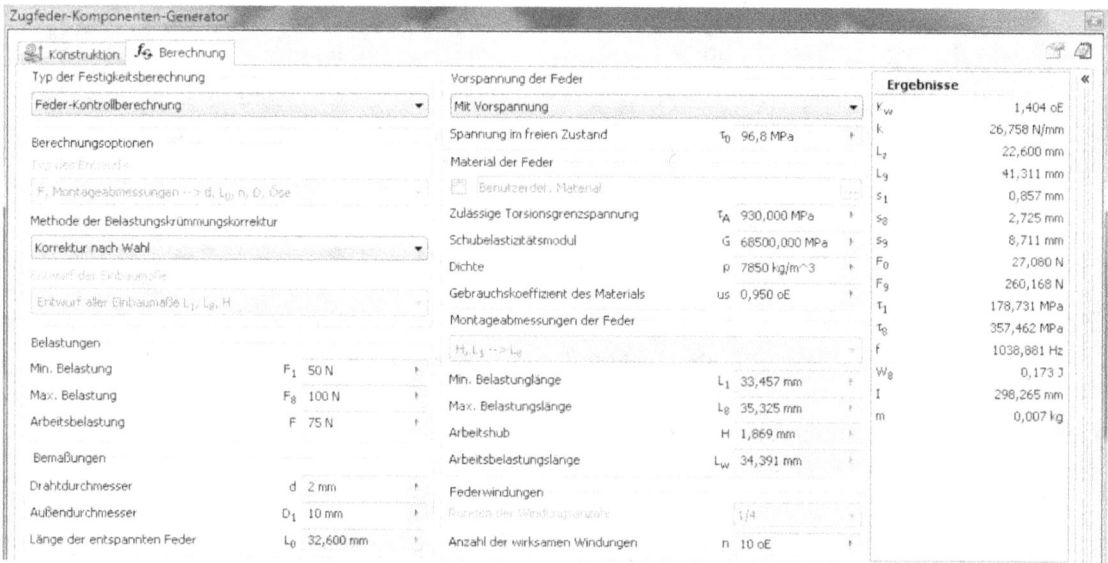

Abb. 20 Der Zugfeder-Komponenten-Generator (Reiter: Berechnung)

Übernehmen Sie die Werte aus den Abb. 19 und 20. Bestätigen Sie den Befehl darauf folgend durch **Berechnen** und **OK**.

Im Gegensatz zum Zahnriemen, gibt es bei der Zugfeder keine Möglichkeit, diese auf bereits vorhandene Komponenten einer Baugruppe zu platzieren.

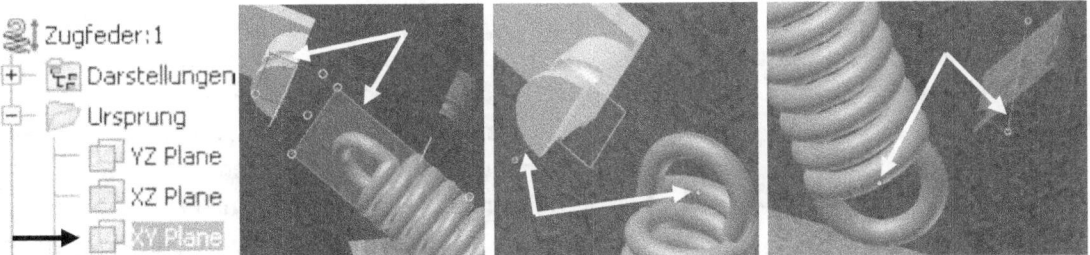

Abb. 21 (v.L.n.R) XY-Ebene Zugfeder; Ebenen 1. Abhängigk.; Achse + Punkt 2. Abhängigk.; Achse + Punkt 3. Abhängigk.

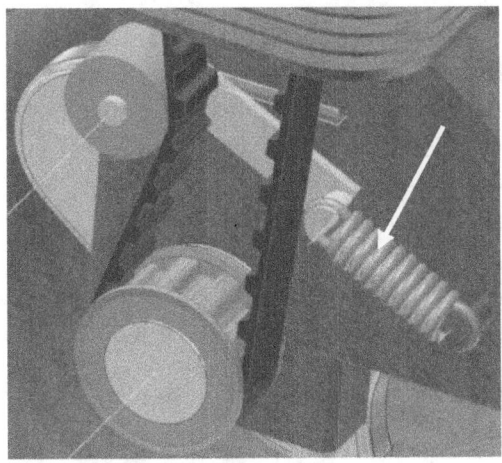

Abb. 22 Feder wurde platziert

Die notwendigen Abhängigkeiten, müssen also im folgenden Schritt manuell erzeugt werden. Erzeugen Sie drei neue **Abhängigkeiten**. Die **Zugfeder** soll mit dem **Motorgehäuse** und der **Führung-Spannrolle-Zahnriemen** verbunden werden. Platzieren Sie hierfür die XY-Ebene der Zugfeder aus dem Ordner Ursprung (Abb. 21 – Bild 1), auf die markierte Ebene des Bauteils Führung-Spannrolle-Zahnriemen (Abb. 21 – Bild 2). Die Mittelpunkte der Federösen müssen als Nächstes auf die markierten Achsen gelegt werden (Abb. 21 – Bild 3 und 4).

Nachdem die Zugfeder an ihrer korrekten Position platziert wurde, kann die Konstruktion des Zahnriemenantriebes abgeschlossen werden.

HINWEIS: Um ein Konstruktionselement aus dem Reiter **Konstruktion** zu bearbeiten, klicken Sie mit der rechten Maustaste auf das entsprechende Element und wählen die Option **Mit Konstruktions-Assistent bearbeiten**. Um ein Konstruktionselement zu löschen, muss die Option **Konstruktions-Assistent-Komponente löschen** gewählt werden.

Speichern Sie die gesamte Baugruppe. Es muss darauf geachtet werden, im Abfragefenster für alle Bauteile und Baugruppen die Option **Ja für alle** zu aktivieren. Die Konstruktionselemente Zahnriemen und Zugfeder werden erst jetzt als vollwertige Baugruppen und Bauteile gespeichert.

In dem von Ihnen gewählten Projektordner wird ein weiterer Ordner erstellt. Dieser trägt den Namen der Hauptbaugruppe (4-Takt-Motor) und enthält einen weiteren (Unter-) Ordner **Konstruktions-Assistent**. Hier befinden sich alle mit den letzten Befehlen erzeugten Bauteile und Baugruppen.

2.3 Konstruktion einer Druckfeder

Abb. 23 Erzeugen eines Halbschnittes

In der folgenden Übung, soll zwischen den Bauteilen **Ventil** und **Zylinderkopf**, eine Druckfeder erzeugt werden. Diese hat die Aufgabe, das Ventil unter Spannung zu halten und mit konstantem Druck gegen den Nocken der Nockenwelle zu pressen.

Wie auch bei den Konstruktionselementen Zahnriemen und Zugfeder, wird diese Feder als starres Konstruktionselement ausgeführt. Vereinfachte Bewegungsanimationen (außerhalb der dynamischen Simulation), wird das Bauteil nicht flexibel begleiten.

Es bleibt also starr. Vor der nächsten Übung, wechseln Sie bitte ins Register **Ansicht**, Befehlsgruppe **Darstellung** und erzeugen einen **Halbschnitt** an der in Abb. 23 markierten Fläche.

2.3.1 Befehlsgrundlagen DRUCKFEDER-GENERATOR

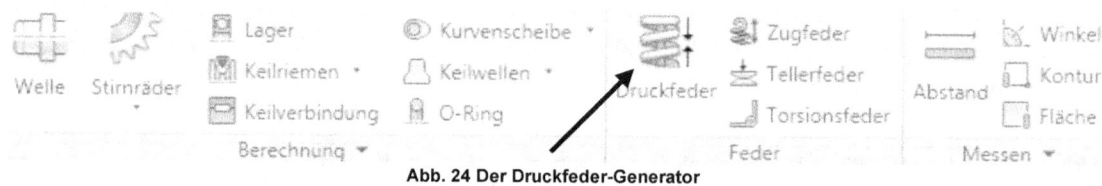

Abb. 24 Der Druckfeder-Generator

Der **Druckfeder-Generator** berechnet und konstruiert Druckfedern. Im Gegensatz zum Zugfeder-Komponenten-Generator, kann die Druckfeder bereits während des Befehls, auf vorhandene geometrische Elemente der Baugruppe platziert werden.

2.3.1.1 Reiter KONSTRUKTION

INHALT

Der Reiter **Konstruktion** bietet eine Platzierung der Druckfeder, eine Auswahl der Darstellungsart (Belastungszustand) und die Definition der geometrischen Federeigenschaften an.

Konstruktion einer Druckfeder

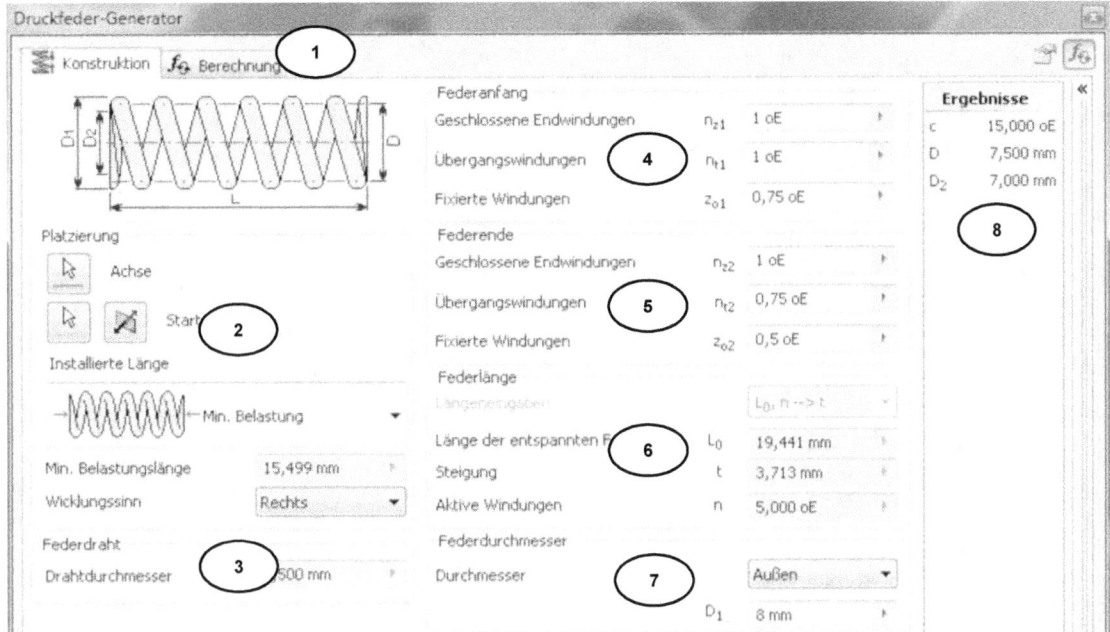

Abb. 25 Der Druckfeder-Generator (Reiter: Konstruktion)

OPTIONEN

1) Reiter: Konstruktion oder Berechnung
2) Platzierung der Feder (Achse, Ebene), Darstellung der Federbelastung
3) Durchmesser Federdraht
4) Geometrische Definition Federanfang
5) Geometrische Definition Federende
6) Länge, Steigung, Windungen
7) Durchmesser Feder
8) Berechnungsergebnisse

2.3.1.2 Reiter BERECHNUNG

INHALT

Im Reiter **Berechnung** wird der Berechnungstyp, verschiedene Berechnungsoptionen, Federmaterial und Federbelastung festgelegt.

OPTIONEN

1) Reiter: Konstruktion oder Berechnung
2) Berechnungstyp der Feder
3) Berechnungsoptionen
4) Belastung der Feder
5) Definition der Federgeometrie
6) Anzahl der Windungen
7) Federmaterial
8) Kontrollberechnung Ausknicken
9) Kontrollberechnung Dauerbelastung
10) Montageabmessungen der Feder

Konstruktion einer Druckfeder

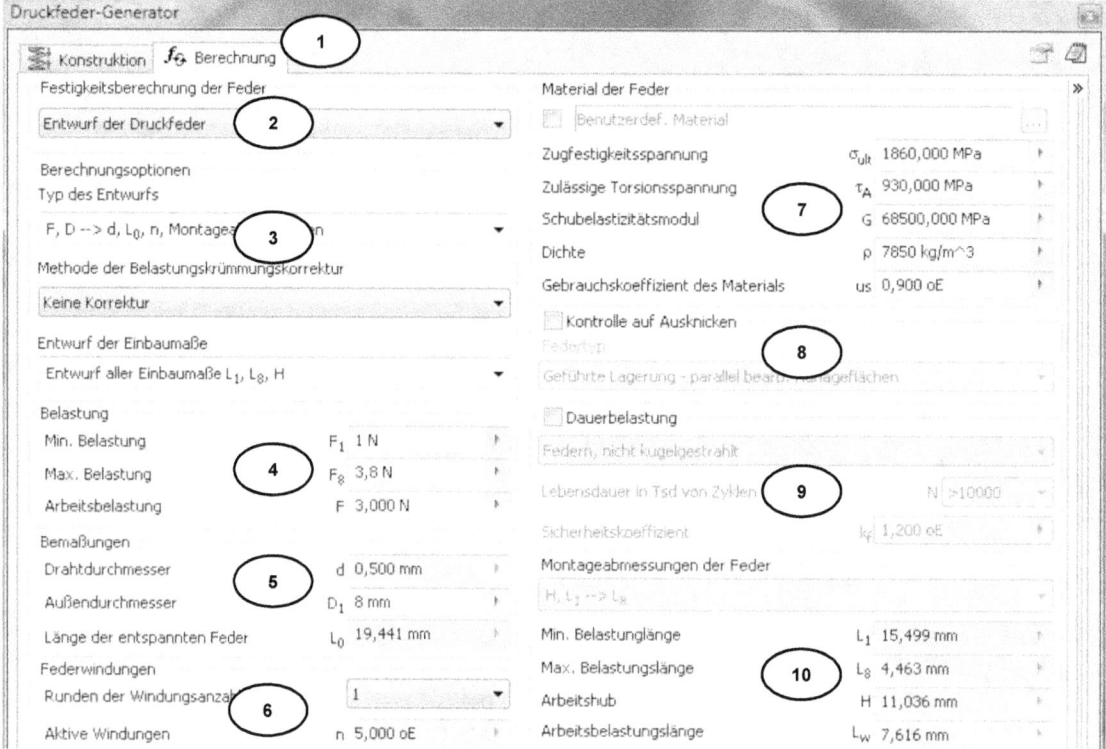

Abb. 26 Der Druckfeder-Generator (Reiter: Berechnung)

2.3.2 Druckfeder zwischen Ventil und Zylinderkopf erzeugen

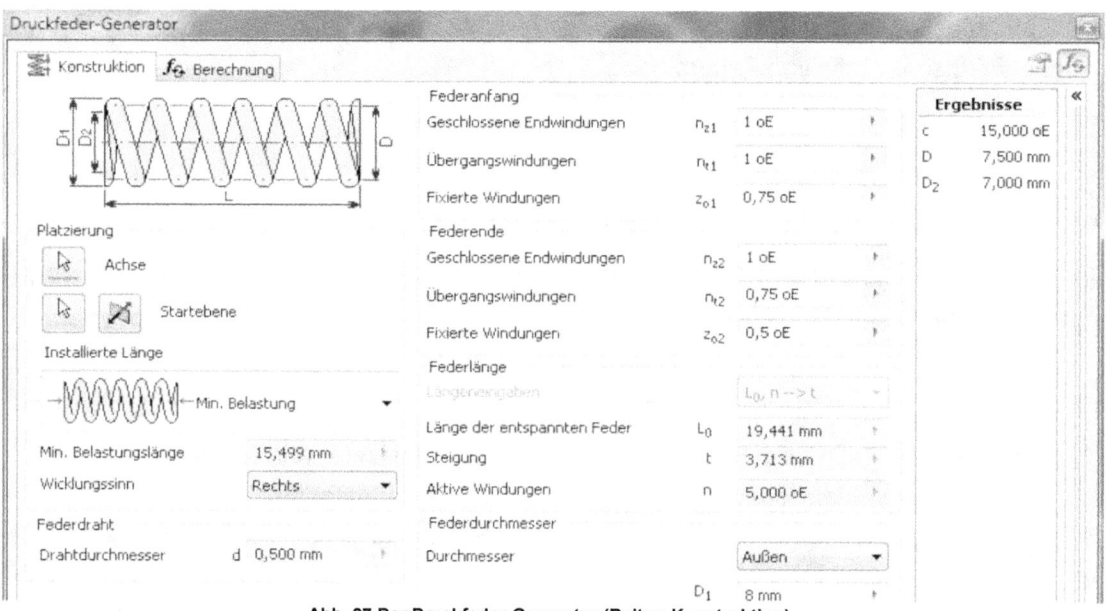

Abb. 27 Der Druckfeder-Generator (Reiter: Konstruktion)

Konstruktion einer Druckfeder

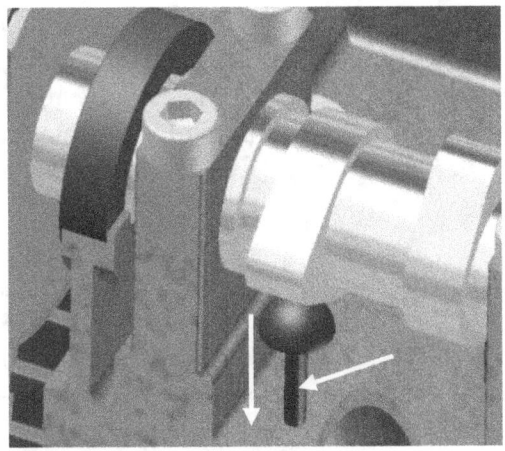

Zurück im Register **Konstruktion** starten Sie in der Befehlsgruppe **Feder** den Befehl **Druckfeder**. Wählen Sie im Bereich **Platzierung** als **Achse**, die in Abb. 28 markierte Zylinderfläche des Ventilschafts.

Als **Startebene** soll die markierte Oberfläche des Zylinderkopfes gewählt werden. Alle Werte und Einstellungen für den Reiter **Konstruktion** sind aus Abb. 27 zu übernehmen.

Abb. 28 Platzierung der Druckfeder

HINWEIS: Der Wert für die **minimale Belastungslänge**, errechnet sich automatisch anhand der Eingaben im Reiter **Berechnung**.

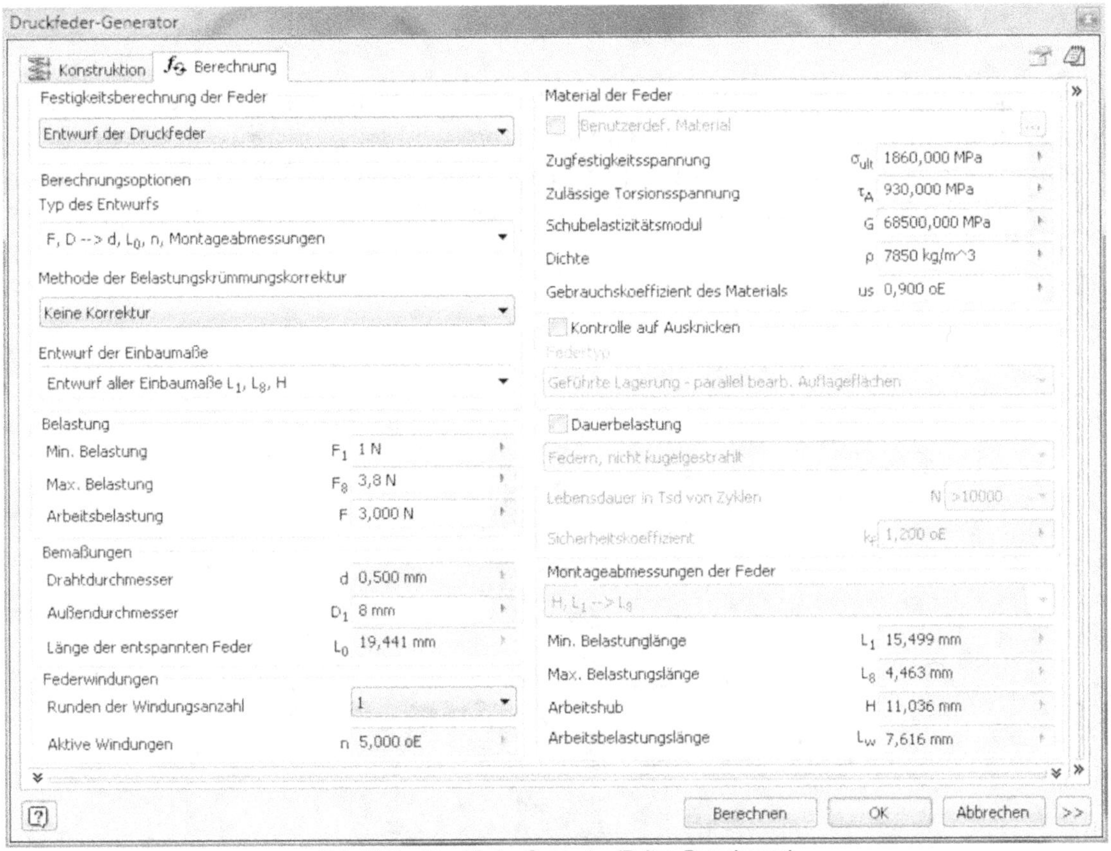

Abb. 29 Der Druckfeder-Generator (Reiter: Berechnung)

Theoretische Grundlagen zum Getriebeaufbau

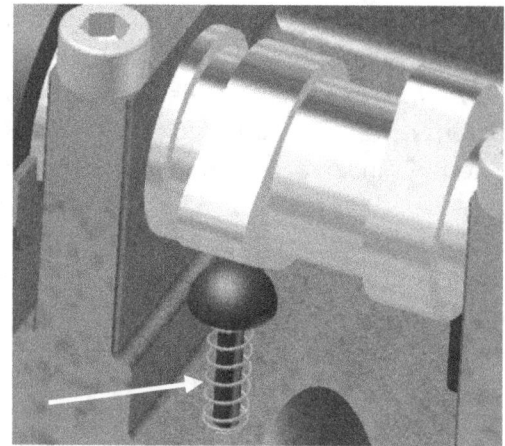

Abb. 30 Druckfeder wurde platziert

Im Reiter **Berechnung** sind die Werte und Einstellungen aus Abb. 29 zu übernehmen. Nachdem alle Werte übernommen wurden, kann die [Berechnen] **Berechnung** gestartet und der Befehl mit [OK] **OK** bestätigt werden.

Im Register **Ansicht** muss abschließend der [Schnitt beenden] **Schnitt beendet** werden. Kopieren Sie die Druckerfeder (Strg+C), fügen diese weitere sieben Mal in die Baugruppe ein (Strg+V) und **platzieren**, diese analog zur letzten Übung, an den restlichen Ventilen.

3 Getriebekonstruktion

3.1 Theoretische Grundlagen zum Getriebeaufbau

Auf dieser befinden sich ebenfalls fünf Stirnräder. Die vier Stirnräder der Vorwärtsgänge auf der Antriebswelle, greifen direkt mit den vier Stirnrädern der Abtriebswelle ineinander (5). Jedes dieser vier Stirnradpaare hat ein eigenes Übersetzungsverhältnis, um die Übertragung von Drehzahl und Drehmoment auf die Abtriebswelle verändern zu können.

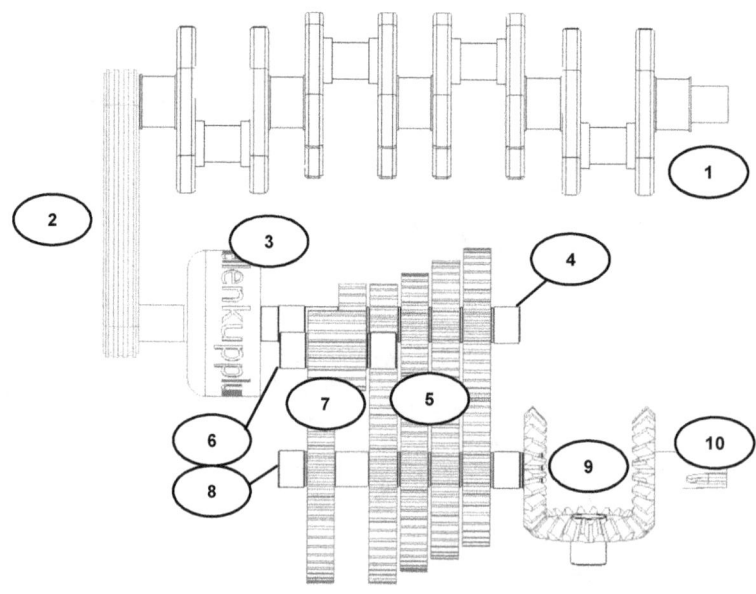

Abb. 31 Getriebeaufbau (schematische Darstellung)

Das Stirnrad für den Rückwärtsgang, welches sich auf der Antriebswelle befindet, greift nicht direkt in das Stirnrad auf der Abtriebswelle ein, sondern auf ein Stirnrad der Rücklaufwelle (6). Dieses überträgt den Kraftfluss auf das Stirnrad der Abtriebswelle (7). So wird eine Umkehr der Drehrichtung erreicht und das Fahrzeug kann rückwärts fahren.

Die Stirnräder auf der Abtriebswelle können sich auf der Welle frei drehen. In unserem Übungsbeispiel, verwenden wir ein Ziehkeilgetriebe. Hier ist die Abtriebswelle innen hohl und führt einen Keil, welcher je nach Position eines der fünf Stirnräder fest mit der Abtriebswelle verbinden kann oder sich im Leerlauf befindet.

Dieser Keil wird durch eine Rollenkette bewegt, welche axial durch die Welle läuft. Sobald eines der Stirnräder durch den Keil fest mit der Welle verbunden wurde, verläuft der Kraftfluss weiter zum Kegelradgetriebe (9). Dieses hat die Aufgabe, die Drehrichtung der Abtriebswelle zu ändern und den erhöhten Platzbedarf für die Rollenkette des Ziehkeils zu ermöglichen. Das Kegelradgetriebe besteht aus drei Kegelrädern.

3.2 Lagerung der Antriebs- und Abtriebswelle
3.2.1 Importieren der unteren Lagerhalterungen

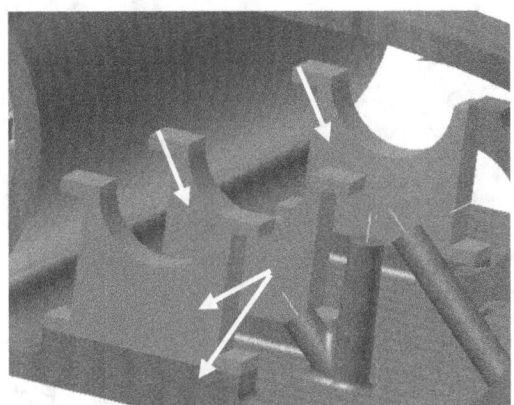

Abb. 32 Platzieren der Zwischenhalter

Nachdem Nockenwelle und Kurbelwelle durch einen Zahnriemenantrieb miteinander verbunden und das Ventil durch eine Druckfeder beaufschlagt wurde, kann mit dem Aufbau des Getriebes begonnen werden. Hierfür ist es notwendig, vorerst weitere Bauteile aus dem Downloadordner in die Baugruppe zu importieren.

Platzieren Sie die Komponente **Antriebswelle-Zwischenhalter.ipt** aus dem Downloadordner dreimal in der Baugruppe und **positionieren** Sie die Bauteile darauf folgend wie in Abb. 32 dargestellt.

Achten Sie darauf, die neuen Bauteile sauber und bündig auf die hierfür vorgesehenen Sockel zu setzten.

3.2.2 Befehlsgrundlagen LAGER-GENERATOR

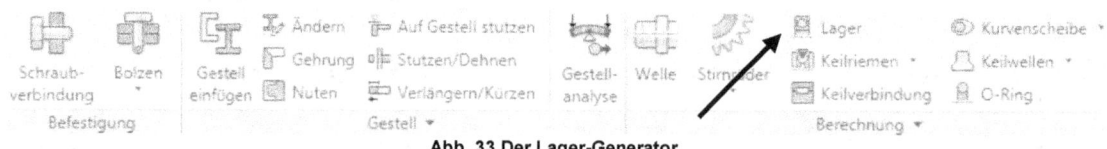

Abb. 33 Der Lager-Generator

Der **Lager-Generator** ermöglicht Berechnung und Konstruktion von verschiedenen Lagertypen. Diese können entsprechend einer Norm oder Kategorie ausgewählt werden. Das Programm ermöglicht eine Platzierung des Lagers an bereits vorhandenen geometrischen Elementen der Baugruppe.

3.2.2.1 Reiter KONSTRUKTION

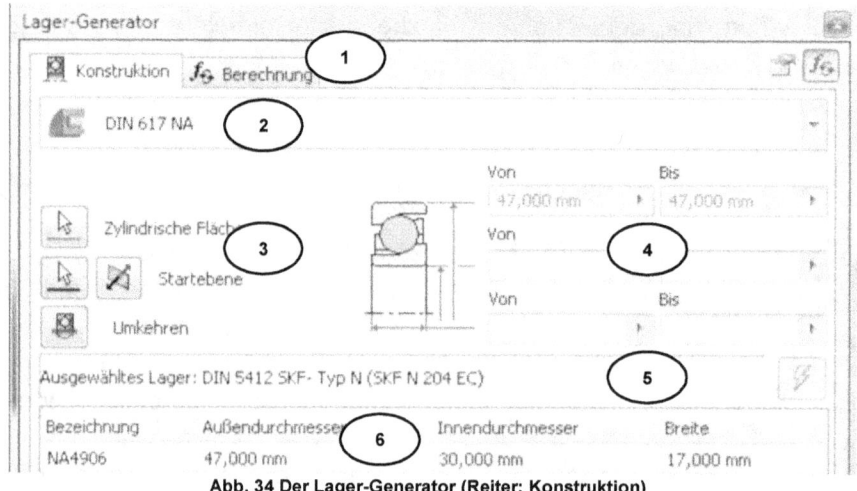

Abb. 34 Der Lager-Generator (Reiter: Konstruktion)

INHALT

Der Reiter **Konstruktion** bietet die Auswahl des Lagertyps, der Lagergröße und eine Platzierung des Lagers an bereits vorhandene geometrische Elemente der Baugruppe.

OPTIONEN

1) Reiter: Konstruktion oder Berechnung
2) Auswahl des Lagertyps
3) Platzierung des Lagers
4) Lagerabmessungen definieren
5) Aktualisierung der Lagerdaten
6) Tabellarische Auflistung der verfügbaren Lagergrößen

3.2.2.2 Reiter BERECHNUNG

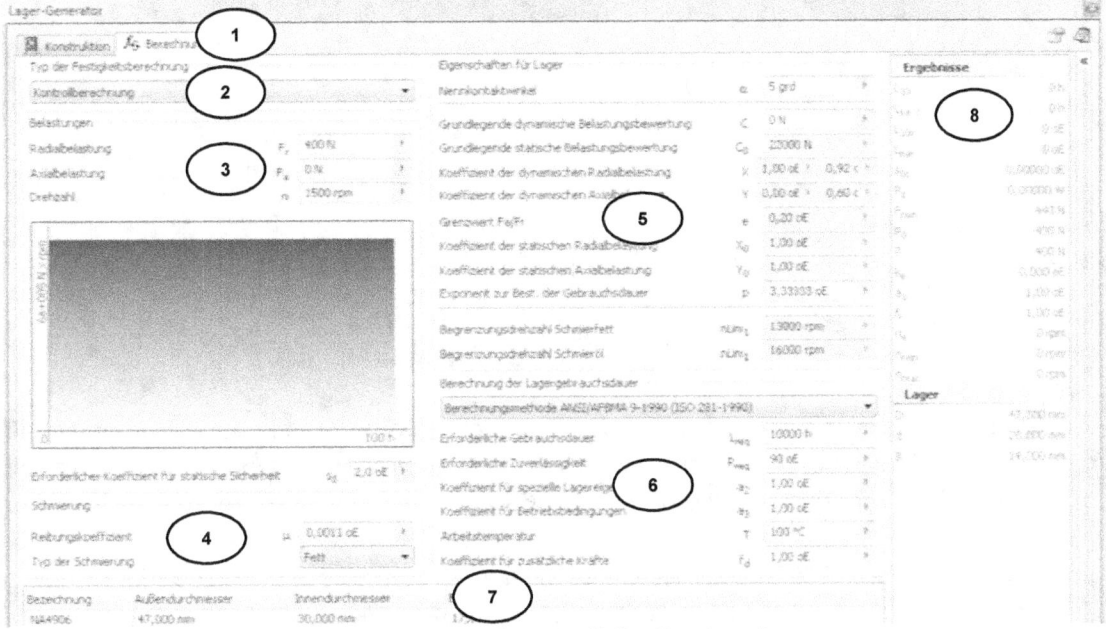

Abb. 35 Der Lager-Generator (Reiter: Berechnung)

INHALT

Der Reiter **Berechnung** ermöglicht eine Festigkeitsberechnung als Kontroll- oder Konstruktionsberechnung. Verschiedene Lagerbelastungen können simuliert werden.

OPTIONEN

1) Reiter: Konstruktion oder Berechnung
2) Art der Festigkeitsberechnung
3) Definition der Belastungen
4) Typ der Schmierung
5) Eigenschaften des Lagers
6) Berechnung der Gebrauchsdauer
7) Tabellarische Auflistung der verfügbaren Lagergrößen
8) Ergebnissdarstellung

3.2.3 Erzeugen eines Zylinderrollenlagers

Die neu eingefügten Bauteile enthalten runde Aussparungen, in welche die benötigten Zylinderrollenlager platziert werden sollen. Starten Sie den Befehl **Lager**.

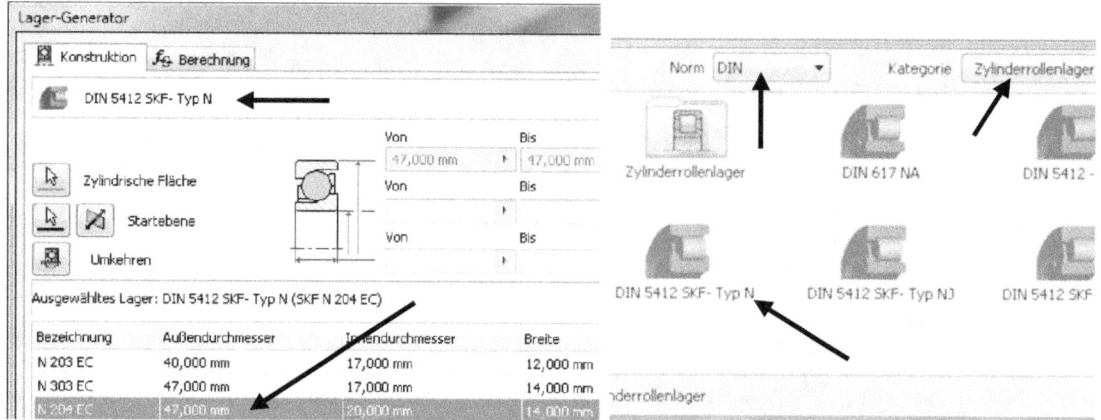

Abb. 36 (L) Auswahl Zylinderrollenlager; (R) Auswahl Norm, Kategorie und Typ

Wählen Sie im Reiter **Konstruktion** (Abb. 36 - L) den gewünschten Lagertyp. Im neu geöffneten Auswahlfenster, müssen Norm **DIN**, Kategorie **Zylinderrollenlager** und Lagertyp **DIN 5412 SKF – TYP N** ausgewählt werden (Abb. 36 - R).

Zurück im Hauptbefehl, muss als Referenz für die *zylindrische Fläche*, die markierte Zylinderfläche der Aussparung des ersten Führungselementes und als *Startebene* die markierte Stirnfläche des ersten Führungselementes gewählt werden (Abb. 37 - L).

Abb. 37 (L) Markierte Referenzen (zylindrische Fläche, Startebene); (M) Erstes Lager wurde erzeugt; (R) Alle Lager erzeugt

Aus der Tabellenauswahl (Abb. 36 – L), im Anschluß die dritte Zeile, mit der Bezeichnung **N 204 EC** (Außen ⌀: 47 mm, Innen ⌀: 20 mm, Breite: 14 mm) aktivieren und den Befehl mit **OK** bestätigen.

Nachdem das erste Lager konstruiert wurde (Abb. 37 - M), sind fünf weitere Lager an den markierten Aussparungen (Abb. 37 - R) zu erzeugen.

3.2.4 Modellbaum strukturieren und Farbe zuweisen

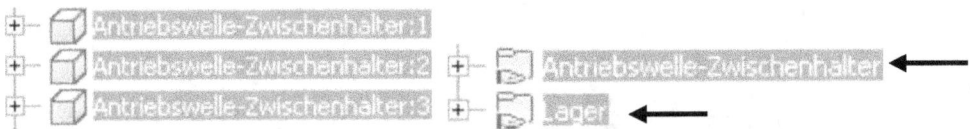

Abb. 38 (L) Markieren der drei Komponenten im Modellbaum; (R) Zwei neue Ordner

Um die Baugruppe etwas übersichtlicher zu gestalten und den Modellbaum nicht unnötig lang werden zu lassen, markieren Sie die drei Bauteile **Antriebswelle-Zwischenhalter** und wählen mit der rechten Maustaste die Option *Zu neuem Ordner hinzufügen*.

Der Ordner soll die Bezeichnung **Antriebswelle-Zwischenhalter** erhalten (Abb. 38).

Abb. 39 Den Zylinderrollenlagern in eine neue Farbe zuweisen

Als Nächstes sollen die sechs **Zylinderrollenlager** in einen Ordner **Lager** gelegt und zusätzlich mit der Farbe **Blau** belegt werden (Abb. 38 – R und Abb. 39).

3.2.5 Importieren der oberen Lagerhalterungen

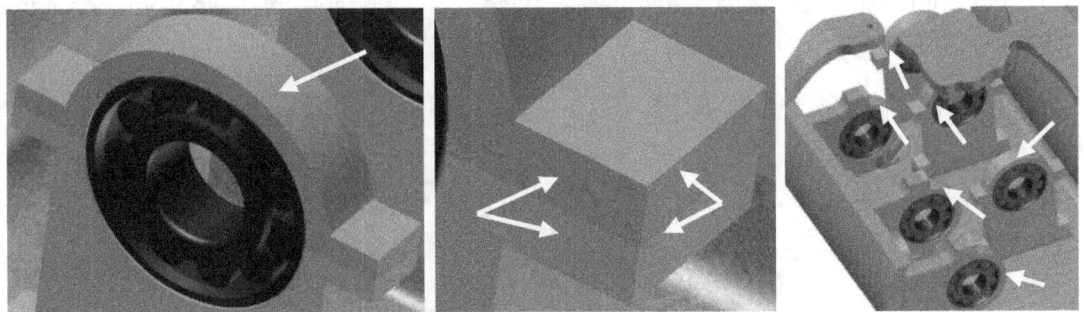

Abb. 40 (L) 1. Komponente platziert; (M) Detaildarstellung 1. Komponente; (R) Übersicht aller 6 Komponenten

Importieren Sie das Bauteil **Antriebs-Abtriebswelle-Halter.ipt** aus dem Downloadordner und legen es sechs Mal in der Baugruppe ab. Die neu eingefügten Komponenten sollen, wie in Abb. 40 dargestellt, *positioniert* werden.

Achten Sie darauf, die Halter sauber und bündig auf die vorhandenen Elemente zu setzen.

Befestigung der Lagerhalterungen

3.2.6 Modellbaum strukturieren

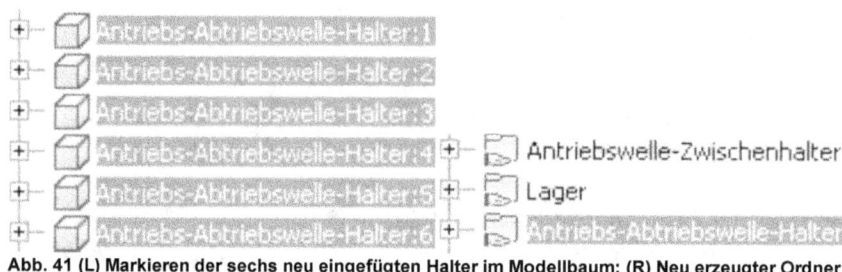

Abb. 41 (L) Markieren der sechs neu eingefügten Halter im Modellbaum; (R) Neu erzeugter Ordner

Die neu eingefügten Komponenten danach im Modellbaum markieren und einen Ordner **Antriebs-Abtriebswelle-Halter** (Abb. 41) daraus erzeugen.

3.3 Befestigung der Lagerhalterungen

Nachdem die oberen Lagerhalterungen montiert worden, können einige Schraubenverbindungen erzeugt werden. Die von uns verwendete Montagereihenfolge entspricht selbstverständlich nicht der realen.

Montiert werden Wellen normalerweise komplett als eine Einheit mit allen Lagern und Zahnrädern. Da der Getrieberaum (trotz der bereits eingefügten Ausschnitte im Motorgehäuse) dann sehr unübersichtlich wäre, setzen wir in unserem Übungsbeispiel alle Komponenten in geänderter Reihenfolge ein.

3.3.1 Befehlsgrundlagen SCHRAUBENVERBINDUNGS-GENERATOR

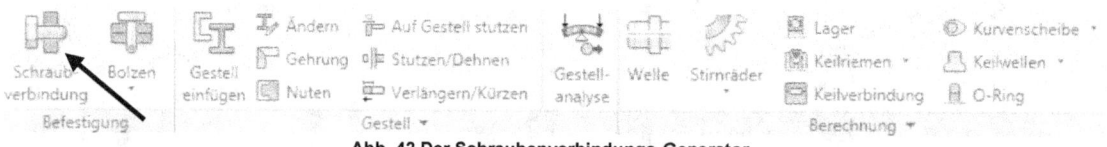

Abb. 42 Der Schraubenverbindungs-Generator

Mit dem **Schraubenverbindungs-Generator** können Schraubenverbindungen, bestehend aus Schraube, Scheibe und Mutter erzeugt sowie Festigkeits-, Belastungs- und Ermüdungsberechnungen durchgeführt werden. Bohrungen und Gewinde werden in den betreffenden Bauteilen, passend zu den erzeugten Verbindungselementen, automatisch erzeugt.

3.3.1.1 Reiter KONSTRUKTION

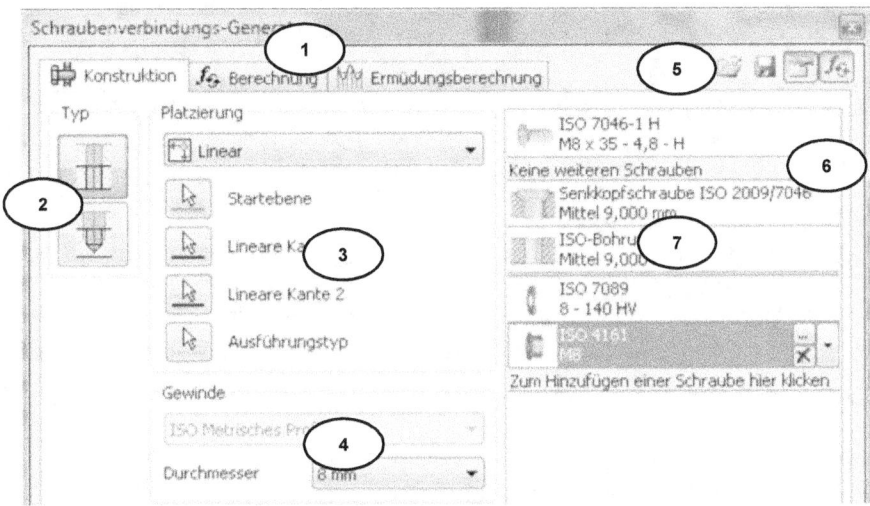

Abb. 43 Der Schraubenverbindungs-Generator (Reiter: Konstruktion)

INHALT

Der Reiter **Konstruktion** dient zur Positionierung des Verbindungselementes, zur Definition von Bohrungsart und Gewindetyp sowie zur Auswahl der zu montierenden Schrauben, Scheiben und Muttern.

OPTIONEN

---

1) Reiter: Konstruktion, Berechnung oder Ermüdungsberechnung
2) Bohrungen durchgängig oder begrenzt erzeugen
3) Auswahl des Platzierungsreferenz (Linear, Konzentrisch, Punkt, Bohrung)
4) Auswahl des Gewindetyps mit entsprechendem Durchmesser
5) Importieren/ Exportieren der Einstellungen, Aktivieren/ Deaktivieren der Berechnung, Dateibenennung
6) Hinzufügen von Schrauben, Scheiben oder Muttern
7) Anzeige der aktuell vorgesehenen Bohrungen, Schrauben, Scheiben und Muttern in chronologischer Reihenfolge

Befestigung der Lagerhalterungen

3.3.1.2 Reiter BERECHNUNG

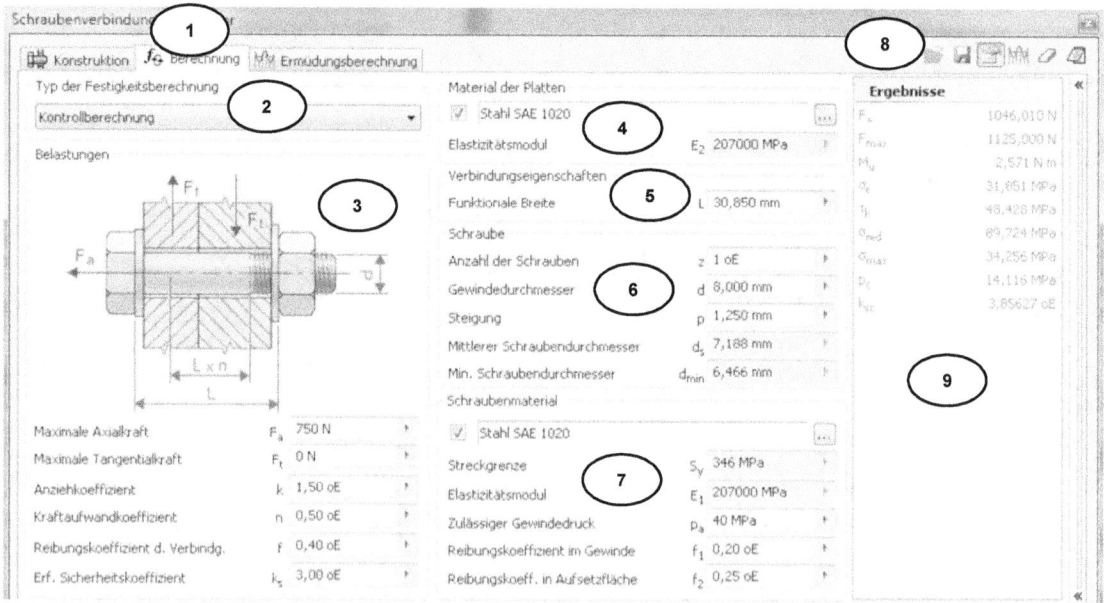

Abb. 44 Der Schraubenverbindungs-Generator (Reiter: Berechnung)

INHALT

Mit dem Reiter **Berechnung** können die gewählten Verbindungselemente überprüft werden. Sie können verschiedene Belastungen wählen, Materialien ändern und verschiedene Berechnungstypen aktivieren.

OPTIONEN

1) Reiter: Konstruktion, Berechnung oder Ermüdungsberechnung
2) Typ der Festigkeitsberechnung (Schraubendurchmesser, Schraubenanzahl, Schraubenmaterial, Kontrollberechnung)
3) Definition der Belastungen
4) Material auswählen
5) Verbindungseigenschaften
6) Schraubeneigenschaften
7) Schraubenmaterial
8) Berechnungsvorlagen exportieren, Dateibenennung und Ermüdungsberechnung aktivieren/ deaktivieren, Berechnungsdaten zurücksetzen oder Ergebnisse als *.html darstellen
9) Darstellung der Ergebnisse in der Kurzübersicht

HINWEIS: Um den Reiter **Berechnung** öffnen zu können, muss vorab im Reiter **Konstruktion** die gleichnamige Option f_G (Berechnung) aktiviert werden.

3.3.1.3 Reiter ERMÜDUNGSBERECHNUNG

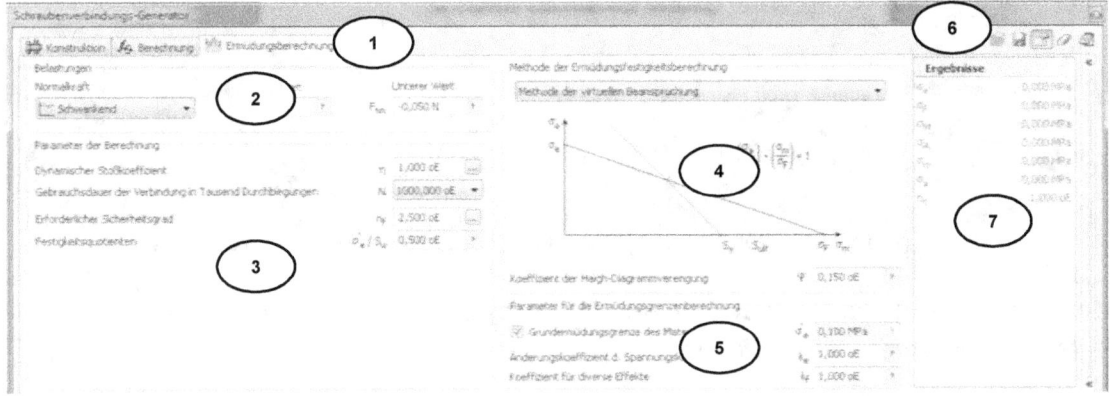

Abb. 45 Der Schraubenverbindungs-Generator (Reiter: Ermüdungsberechnung)

INHALT

Mit dem Reiter **Ermüdungsprüfung** können Belastungsschwankungen unter Verwendung verschiedener Methoden berechnet werden.

OPTIONEN

1) Reiter: Konstruktion, Berechnung oder Ermüdungsberechnung
2) Auswahl der Belastungsart (schwankend, wiederkehrend, asymmetrisch, symmetrisch umgekehrt)
3) Definition der Berechnungsparameter
4) Methode der Ermüdungsfestigkeitsberechnung
5) Parameter für die Ermüdungsgrenzen
6) Berechnungsvorlagen exportieren, Dateibenennung aktivieren/ deaktivieren, Berechnungsdaten zurücksetzen oder Ergebnisse als *.html darstellen
7) Ergebnisdarstellung

HINWEIS: Um den Reiter **Ermüdungsberechnung** öffnen zu können, muss vorab im Reiter **Konstruktion** die gleichnamige Option (Ermüdungsberechnung) aktiviert werden.

3.3.2 Lagerhalterungen der Antriebswelle miteinander verbinden

Im ersten Schritt sollen die oberen und unteren Lagerhaltungen der Antriebswelle miteinander verbunden.

Beide Bauteile wurden geometrisch so konstruiert, dass eine Schraubenverbindung, bestehend aus Schrauben und Muttern, verwendet werden kann.

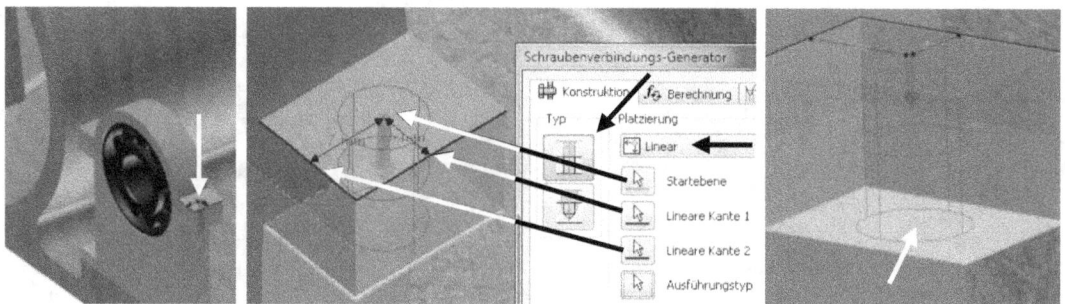

Abb. 46 (L) Startebene; (M) Startebene, Lineare Kante 1 + 2; (R) Ausführungstyp (untere Fläche)

Starten Sie den Befehl **Schraubenverbindung** und wählen Konstruktionstyp **Durch alle** und Platzierung **Linear**.

Als **Startebene** dient die markierte Fläche (Abb. 46 – L und M), als Referenzen der **lineare Kanten**, sollen die beiden markierten Kanten (Abb. 46 – M) dienen. Der Abstand zur **linearen Kante 1** soll einen Wert von **5 mm**, der Abstand zur **linearen Kante 2** einen Abstand von **7 mm** betragen. Der **Ausführungstyp** soll die markierte Fläche (Abb. 46 - R) werden (Auflagefläche der Mutter).

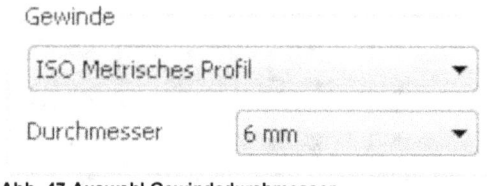

Abb. 47 Auswahl Gewindedurchmesser

Im Auswahlfeld **Gewinde** ist der Typ *ISO Metrisches Profil* mit einem Durchmesser von **6 mm** zu aktivieren (Abb. 47).

Das rechte Auswahlfeld des Befehls, stellt eine Übersicht der bereits geplanten Bohrungen und Schraubenelemente dar (zwei Bohrungen, je eine pro Bauteil).

Klicken Sie auf die Schaltfläche oberhalb dieser beiden Bohrungen **Zum Hinzufügen einer Schraube hier klicken** (Abb. 48 - L), um eine Schraube hinzuzufügen.

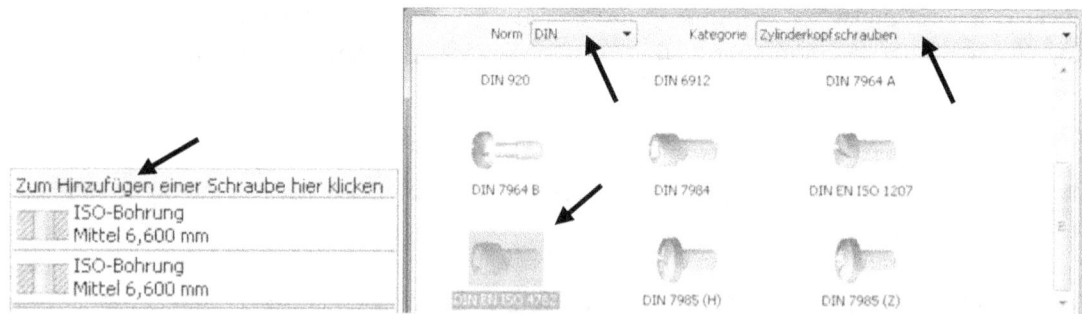

Abb. 48 (L) Hinzufügen einer Schraube; (R) Auswahl der Schraube nach Norm und Kategorie

Im neu geöffneten Auswahlfenster wählen Sie die Norm **DIN**, die Kategorie **Zylinderkopfschrauben** und den Schraubentyp **DIN EN ISO 4762** (Abb. 48 - R). Zurück im Hauptbefehl dann als Nächstes auf die Schaltfläche unterhalb der beiden Bohrungen **Zum Hinzufügen einer Schraube hier klicken** (Abb. 49 - L).

Lassen Sie sich von dieser Bezeichnung nicht irritieren. Sie müssen sich den Aufbau der Schraubverbindung kurz vor Augen führen. Von oben nach unten: Schraube, Scheibe und Mutter. Parallel zum chronologischen Aufbau der Schraubenverbindung ist auch dieses Ansichtsfenster strukturiert worden. Oben die Schraube, in der Mitte die beiden Bohrungen und unten die Mutter.

In unserem Übungsbeispiel wird keine Scheibe verwendet, sollten Sie später in einem eigenen Übungsbeispiel eine Schraubverbindung (bestehend aus Schraube, Scheibe und Mutter) verwenden, wäre jetzt der Zeitpunkt zum Einfügen einer Scheibe gekommen. Für unser Übungsbeispiel soll jetzt die passende Mutter ausgewählt werden.

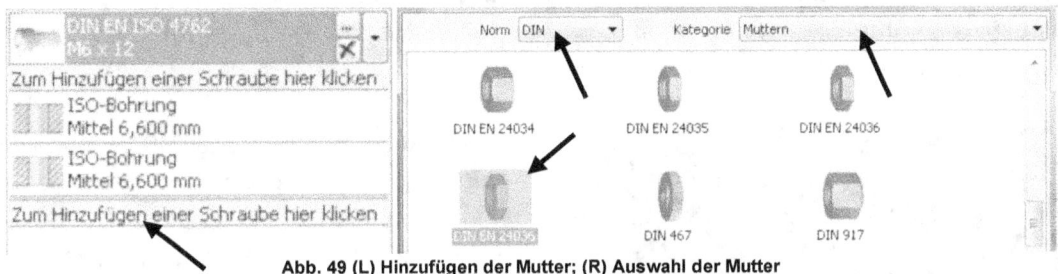

Abb. 49 (L) Hinzufügen der Mutter; (R) Auswahl der Mutter

Im neuen Auswahlfenster die Norm **DIN**, die Kategorie **Muttern** und den Typ **DIN EN 24036** auswählen (Abb. 49 – R). Zurück im Hauptbefehl den Befehl **Vorlage exportieren** starten (Abb. 50).

Der Schraubenverbindungs-Generator bietet die Möglichkeit, bereits generierte Schraubenverbindungen zu exportieren. Die aktuelle Zusammenstellung (Schraube, Mutter, Bohrungen), wird dann in Form einer XML-Datei gespeichert und kann jederzeit wieder aufgerufen werden.

Da wir in unserem Übungsbeispiel fünf weitere, identische Schraubenverbindungen einfügen müssen, können wir uns die Arbeit somit erleichtern.

Abb. 50 Exportieren der Schraubenverbindungsdaten

Nach dem Starten des Befehls, öffnet sich ein neues Eingabefenster. Wählen Sie hier den Speicherort Ihres Projektes, vergeben den Dateinamen **Schraubverbindung-M6** und verwenden den Dateityp **Vorlagen (*.xml)**. Bestätigt werden kann im Anschluss mit Speichern **Speichern** und OK **OK**.

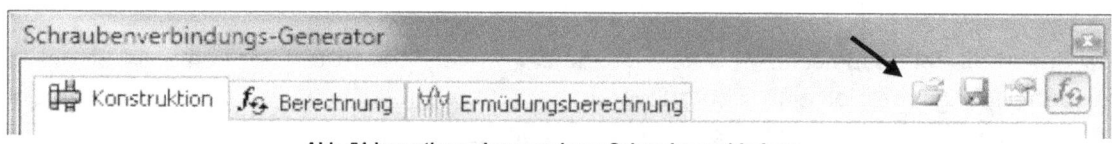

Abb. 51 Importieren der generieren Schraubenverbindung

Starten Sie den Befehl **Schraubenverbindung** und aktivieren die Option **Vorlage importieren** (Abb. 51). Im neu geöffneten Auswahlfenster die Datei **Schraubverbindung-M6.xml** wählen und mit Öffnen **Öffnen** bestätigen.

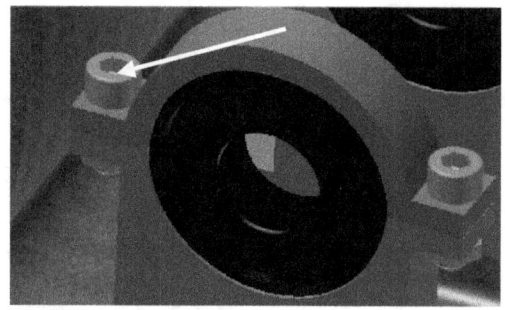

Abb. 52 Schraubenverbindung importiert

Die beiden Komponenten **Schraube** und **Mutter** wurden aus der Vorlage importiert, sind allerdings noch grau hinterlegt, da vorerst noch die Platzierungsreferenzen der Bohrung definiert werden müssen.

Hier sind dieselben Einstellungen in den Bereichen **Typ** und **Platzierung**, wie in der vorhergehenden Schraubenverbindung zu verwenden. Die Platzierung soll, wie in Abb. 52 dargestellt, erfolgen.

HINWEIS: Jede Schraubenverbindung erzeugt im betreffenden Bauteil Bohrungen. Wenn dasselbe Bauteil mehrfach in einer Baugruppe verwendet wird, muss unter Umständen der Platzierungstyp **Nach Bohrung** verwendet werden. Das Programm würde ansonsten versuchen, eine Bohrung in ein bereits vorhandenes Loch zu setzen und deshalb eine Fehlermeldung erzeugen.

Befestigung der Lagerhalterungen

Abb. 53 Vier weitere Schraubenverbindungen erzeugen

Starten Sie den Befehl **Schraubenverbindung**, verwenden den Platzierungstyp **Nach Bohrung**, importieren die vorhandene Vorlage und erzeugen eine weitere Schraubenverbindung. Wiederholen Sie den Befehl, bis alle vier in Abb. 53 markierten Schraubenverbindungen erzeugt wurden.

Im nächsten Schritt sollen die unteren Lagerhalterungen der Antriebswelle, mit dem Motorgehäuse verschraubt werden.

3.3.3 Lagerhalterungen der Wellen am Motorgehäuse befestigen

Auch hier kann der Befehl **Schraubenverbindung** verwendet werden. Aufgrund der geometrischen Gegebenheiten, können beide Komponenten nicht durch eine Durchgangsbohrung mit Schraube und Mutter verbunden werden. Die Verwendung einer Gewindebohrung in Form eines Sackloches ist daher erforderlich.

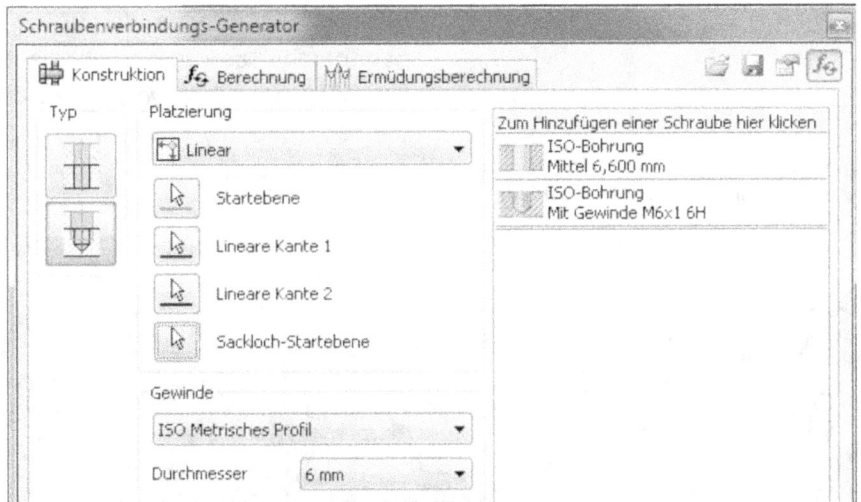

Abb. 54 Auswahl von Schraubentyp, Platzierung und Gewinde

Starten Sie den Befehl **Schraubenverbindung**, wählen die Option **Nicht durchgehend**, den Platzierungstyp **Linear** und die dazugehörigen **Referenzen** (Startebene, lineare Kante eins und zwei und Sackloch-Startebene), wie in Abb. 55 dargestellt.

HINWEIS: Als **Sackloch-Startebene** ist die glatte Fläche am Motorgehäuse zu wählen, auf der die untere Lagerhalterung montiert wurde.

Befestigung der Lagerhalterungen

Abb. 55 (L) Position der Bohrung; (R) Startfläche, zwei Referenzkanten und Sackloch-Startebene

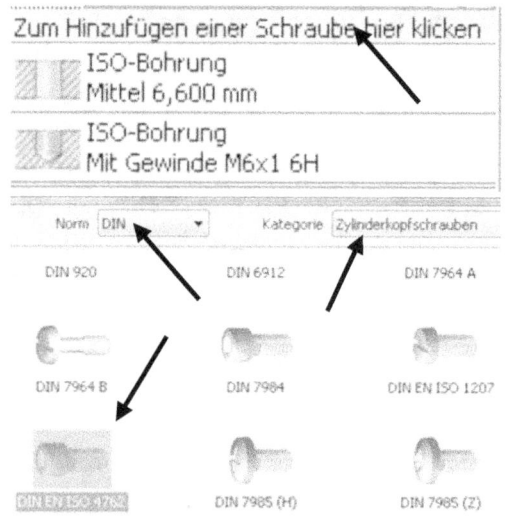

Abb. 56 (O) Hinzufügen einer Schraube; (U) Auswahl des Schraubentyps

Die Abstände zu den Referenzkanten sind identisch zu den Abständen der letzten Schraubenverbindungen. Auch das Gewinde kann erneut als *ISO Metrisches Profil*, mit einem Durchmesser von **6 mm** gewählt werden.

Im rechten Auswahlfenster ist die Option *Zum Hinzufügen einer Schraube hier klicken* zu aktivieren, darauf folgend im neu geöffneten Auswahlfenster die Norm **DIN**, die Kategorie *Zylinderkopfschrauben* und der Schraubentyp **DIN EN ISO 4762** zu wählen (Abb. 56).

Den Befehl dann mit **OK** bestätigen.

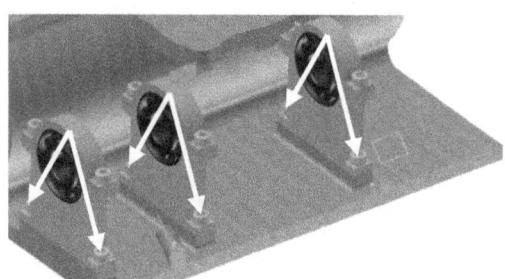 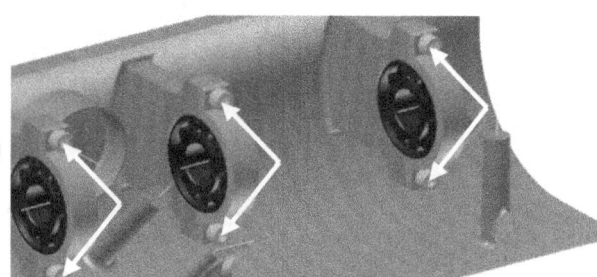

Abb. 57 (L) Schraubenverbindungen der Antriebswelle; (R) Schraubenverbindungen der Abtriebswelle

Diese Schraubenverbindung im Anschluss bei allen markieren Bereichen der Abb. 57 wiederholen.

Konstruktion der Getriebewellen

HINWEIS: Verwenden Sie die Befehle **Vorlage exportieren** und **Vorlage importieren**, um die Daten der ersten Schraubenverbindung, auf die folgenden zu übertragen.

Markieren Sie darauf folgend alle Schraubenverbindungen im Modellbaum und erzeugen daraus einen neuen Ordner **Schraubenverbindungen**. Die Baugruppe im Anschluss speichern und besonders darauf achten, dass eine Erstspeicherung aller neuen Komponenten erfolgt.

3.4 Konstruktion der Getriebewellen

Nachdem alle notwendigen Komponenten zur Lagerung der Getriebewellen eingefügt und befestigt wurden, kann mit dem Aufbau des Getriebes begonnen werden. Fügen Sie hierzu eine weitere Komponente aus dem Downloadordner in die Baugruppe ein.

3.4.1 Importieren der Lamellenkupplung

Für unser Übungsbeispiel verwenden wir eine Lamellenkupplung, welche häufig bei Motoren dieser Baugröße verwendet werden, da diese platzsparend mit in den Getrieberaum integriert werden können. Lamellenkupplungen laufen in einem Ölbad, sind absolut wartungsfrei und sehr langlebig.

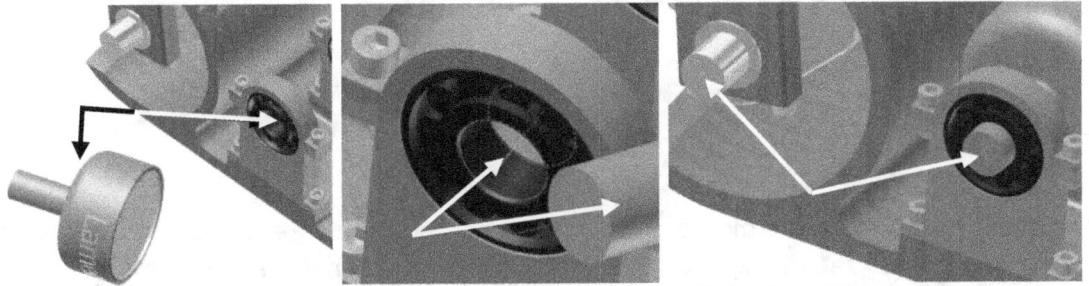

Abb. 58 (L) Kupplung einfügen; (M) Kupplung und Lager axial ausrichten; (R) Kupplung an Kurbelwelle ausrichten

Importieren Sie aus dem Downloadordner das Bauteil **Kupplung.ipt** und **platzieren** die Kupplung wie in Abb. 58 dargestellt. Die Kupplung muss axial im markierten Lager platziert (Abb. 58 - M) und bündig an der Stirnfläche der Kurbelwelle abschließen.

Die markierte Stirnfläche der Kupplung soll also auf derselben Höhe sitzen wie die markierte Stirnfläche der Kurbelwelle (Abb. 58 – R). Sobald die Kupplung platziert wurde, kann mit der Konstruktion der Antriebswelle begonnen werden.

Konstruktion der Getriebewellen

3.4.2 Befehlsgrundlagen WELLEN-GENERATOR

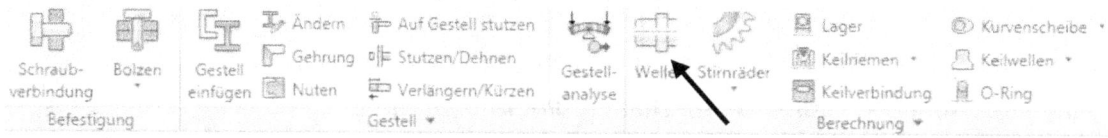

Abb. 59 Der Wellen-Generator

Mit dem **Wellen-Generator** können Wellen und Achsen, bestehend aus verschiedenen Abschnitten und unterschiedlichen geometrischen Eigenschaften, berechnet und konstruiert werden. Die Wellen können als Voll- oder Hohlwellen erzeugt und mit verschiedenen zusätzlichen Elementen (Bohrungen, Kerben, Nuten) versehen werden.

3.4.2.1 Reiter KONSTRUKTION

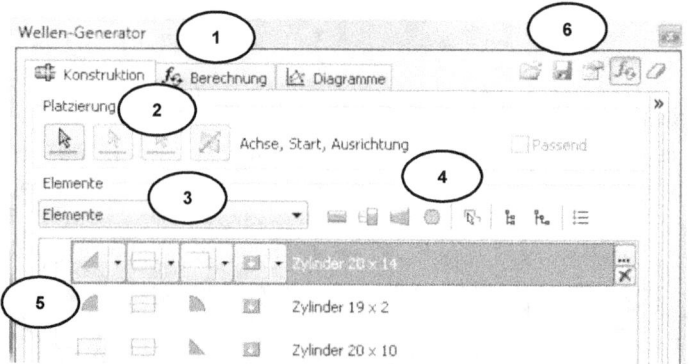

Abb. 60 Der Wellen-Generator (Reiter: Konstruktion)

INHALT

Der Reiter **Konstruktion** ermöglicht die Platzierung der Welle in einer vorhandenen Geometrie sowie eine Verwaltung aller Wellenabschnitte. Es können beliebig viele Wellenabschnitte erzeugt und bearbeitet werden.

Die Welle kann mit zusätzlichen geometrischen Objekten (Fasen, Rundungen, Rillen, Gewinden, Nuten, Bohrungen, Einstichen, Kerben und sonstigen) versehen werden. Die einzelnen Wellenabschnitte können zylindrisch, geschnitten, kegelig, als Polygon oder nach einer vordefinierten Skizze erzeugt werden. Die Daten einer Welle können importiert oder exportiert werden.

Konstruktion der Getriebewellen

OPTIONEN

1) Reiter: Konstruktion, Berechnung oder Diagramme
2) Platzieren der Welle eine Geometrie der Baugruppe
3) Erzeugen/ Bearbeiten der Wellenabschnitte
4) Auswahl des Wellentyps
5) Chronologischen Auflistung aller vorhandenen Wellenabschnitte
6) Importieren/ Exportieren der Berechnungswerte, Aktivieren/ Deaktivieren der Berechnung, Bearbeiten der Dateibenennung oder Zurücksetzen aller Berechnungswerte

3.4.2.2 Reiter BERECHNUNG

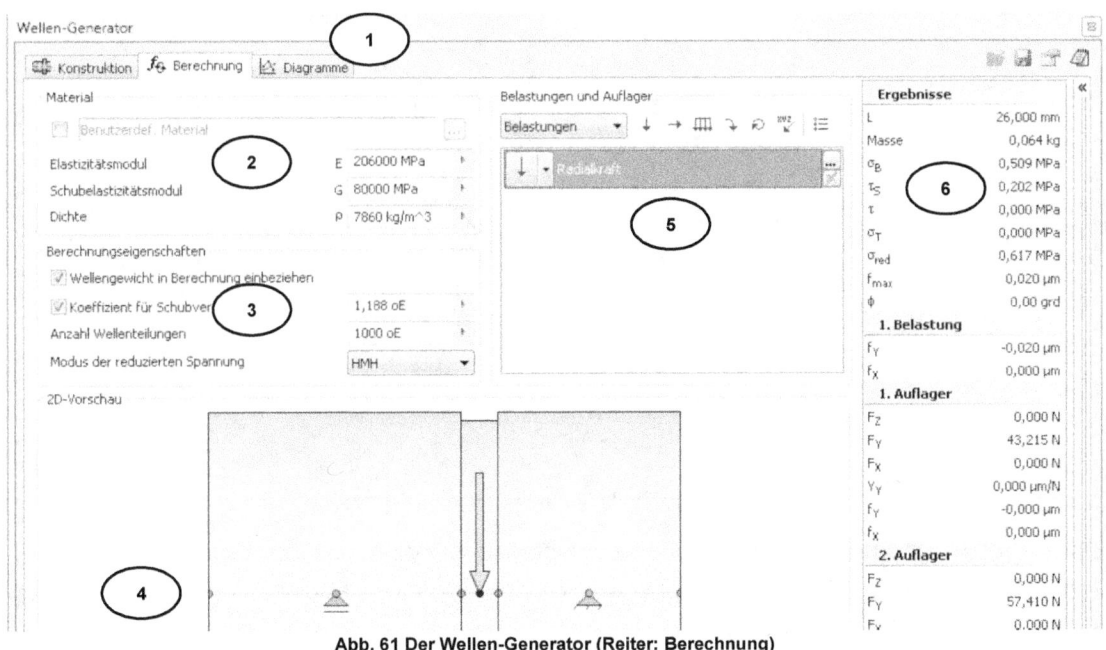

Abb. 61 Der Wellen-Generator (Reiter: Berechnung)

INHALT

Der Reiter **Berechnung** stellt weitere Optionen der Wellenberechnung zur Verfügung. Sie können Materialeigenschaften ändern, Berechnungseigenschaften definieren und verschiedene Belastungsarten simulieren. Die verschiedenen Einstellungen werden in einer Vorschau dargestellt.

Konstruktion der Getriebewellen

OPTIONEN

1) Reiter: Konstruktion, Berechnung oder Diagramme
2) Wellenmaterial festlegen
3) Berechnungseigenschaften definieren
4) Vorschau der Einstellungen
5) Welle mit verschiedenen Belastungen versehen
6) Berechnungsergebnisse

3.4.2.3 Reiter DIAGRAMME

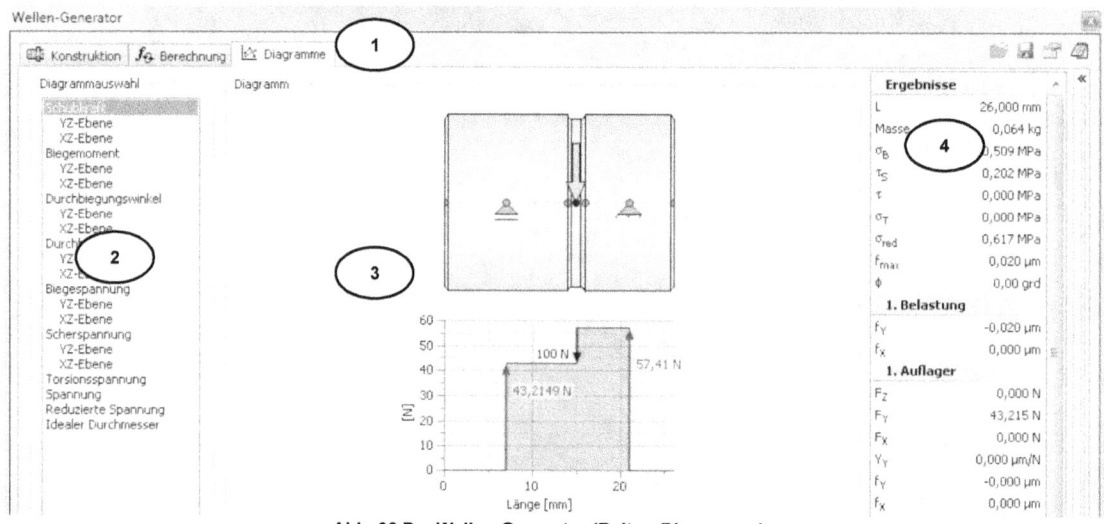

Abb. 62 Der Wellen-Generator (Reiter: Diagramme)

INHALT

Der Reiter **Diagramme** bietet, zusätzlich zur grafischen Vorschau der Wellenbelastung, ein Diagramm mit der grafischen Darstellung der Berechnungsergebnisse (Schubkräfte, Biegekräfte, Spannungen, Drehmomente).

OPTIONEN

1) Reiter: Konstruktion, Berechnung oder Diagramme
2) Diagrammauswahl
3) Grafische Darstellung Wellenbelastung und Diagramm
4) Berechnungsergebnisse

3.4.3 Konstruktion der Antriebswelle

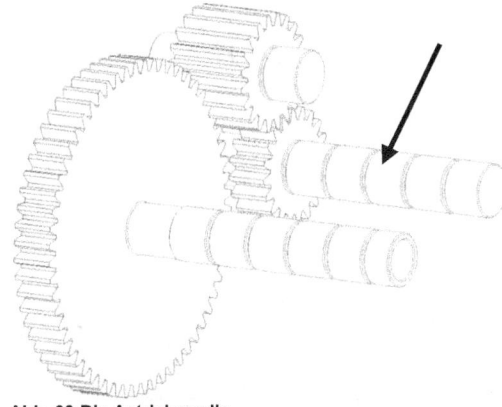

Im ersten Schritt soll die Antriebswelle konstruiert werden. Sie trägt insgesamt fünf Zahnräder, vier für die Vorwärtsgänge und einen für den Rückwärtsgang.

Die Antriebswelle schließt an die Kupplung an und überträgt den Kraftfluss, entweder direkt auf die Abtriebswelle (Vorwärtsgänge) oder über die Rücklaufwelle zur Abtriebswelle (Rückwärtsgang).

Abb. 63 Die Antriebswelle

Abb. 64 Platzierung der Welle: (L) Zylindrische Fläche; (M) Planare Fläche; (R) Fläche zur Ausrichtung

Starten Sie den Befehl **Welle** und wählen im Bereich **Platzierung**, als Referenz für die **zylindrische Fläche** (erste Auswahloption), die in Abb. 64 – L markierte, innere Zylinderfläche des ersten Lagers. Als Referenz der **planaren Startfläche** (zweite Auswahloption), soll die in Abb. 64 - M markierte Stirnfläche der Kupplung verwendet werden.

Für die **planare Fläche der Ausrichtung** (dritte Auswahloption), soll die markierte Fläche des Motorgehäuses in Abb. 64 – R als Referenz verwendet werden.

Abb. 65 Antriebswelle wurde platziert und ist in der Vorschau bereits sichtbar

Konstruktion der Getriebewellen

Die Welle sollte jetzt als Vorschau angezeigt werden. Achten Sie darauf, dass die Welle wie in Abb. 65 dargestellt, von der Kupplung weg zeigt. Sollte dies bei Ihnen nicht der Fall sein (Welle zeigt durch die Kupplung hindurch), muss die Richtung mit der Option *Seite umkehren* geändert werden. Die Antriebswelle besteht aus mehreren Abschnitten, welche in der folgenden Übung erzeugt werden sollen.

Im unteren Bereich des Wellen-Generators, muss zunächst die Option Elemente *Elemente* eingestellt sein. Der Strukturbaum im darunterliegenden Anzeigefeld, stellt die Anzahl der bereits vorhandenen Wellenabschnitte dar.

Je nach Voreinstellung Ihres Programms, können hier bereits mehr oder weniger Abschnitte vorhanden sein. Löschen Sie alle Abschnitte bis auf den ersten. Verwenden Sie die Option *Löschen* auf der rechten Seite der jeweiligen Abschnittszeile (Zeile vorher markieren).

Abb. 66 (L) Wellenabschnitt vor der Bearbeitung; (R) Wellenabschnitt nach der Bearbeitung

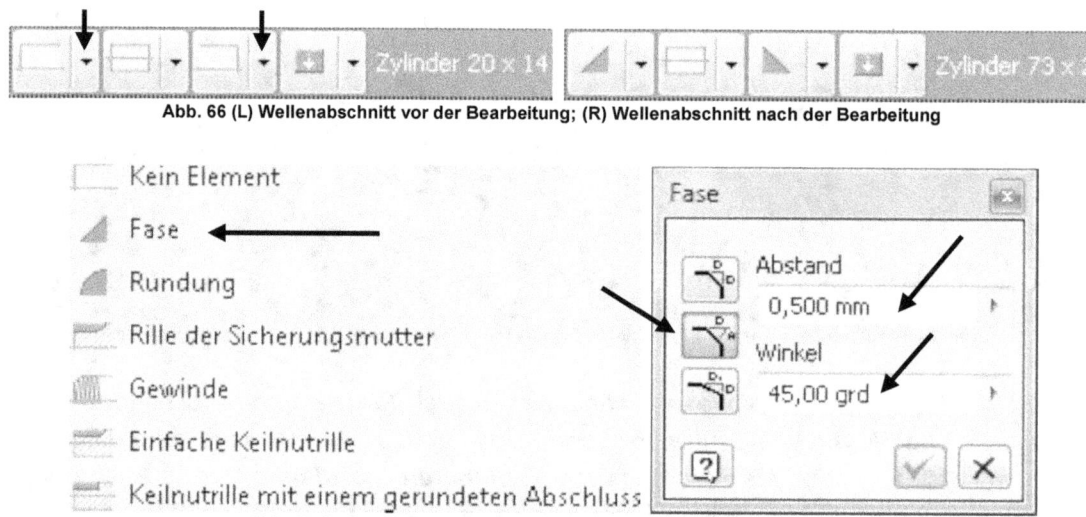

Abb. 67 (L) Option Fase; (R) Fasen-Typ, Abstand und Winkel festlegen

Wenn alle Abschnitte bis auf den letzten gelöscht wurden, kann dieser bearbeitet werden. Anfang, Mitte und Ende jedes Wellenabschnittes, können separat bearbeitet werden. Beginnen Sie mit dem ganz links stehenden *Symbol* (Element der ersten Kante).

Klicken Sie auf das *kleine Dreieck* des ersten Symbols (Abb. 66 - L) und wählen die Option *Fase* (Abb. 67 – L). Alle Werte und Einstellungen, können wie in Abb. 67 - R dargestellt, übernommen werden. Wiederholen Sie die Option *Fase* beim *Element der zweiten Kante* mit den gleichen Werten.

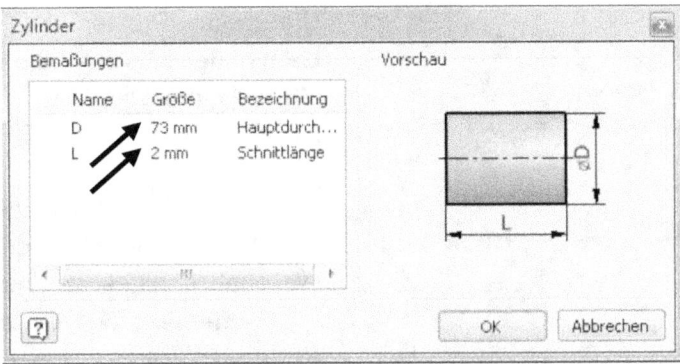

Abb. 68 Definition von Durchmesser und Länge

Anfang und Ende des Abschnitts wurde jetzt je mit einer Fase versehen, anschließend sollen Durchmesser und Länge festgelegt werden.

Klicken Sie auf das rechts stehende Symbol mit den **... drei Punkten** (Eigenschaften). Ein weiteres Eingabefenster öffnet sich. Hier können für den Hauptdurchmesser (**D**) der Wert **73 mm**, für die Länge (**L**) der Wert **2 mm** gewählt und die Eingabe mit **OK** bestätigt werden (Abb. 68).

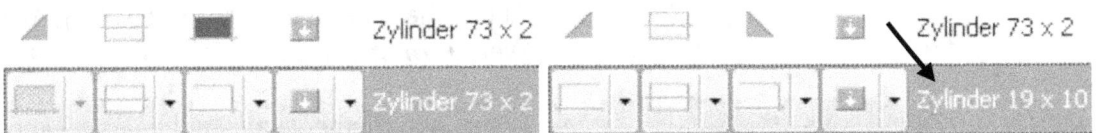

Abb. 69 (L) Neuer Abschnitt eingefügt; (R) Maße des neuen Abschnittes wurden geändert

Zurück im Hauptbefehl dann die Option **Zylinder einfügen** aktivieren, um einen weiteren Wellenabschnitt zu erzeugen.

Die zweite Fase des ersten Wellenabschnittes sollte jetzt rot dargestellt werden, da das Programm die Fase aufgrund des identischen Durchmessers beider Abschnitte nicht berechnen kann (Abb. 69 - L).

Abb. 70 (L) Option Rundung; (R) Rundungsradius eingeben

Konstruktion der Getriebewellen

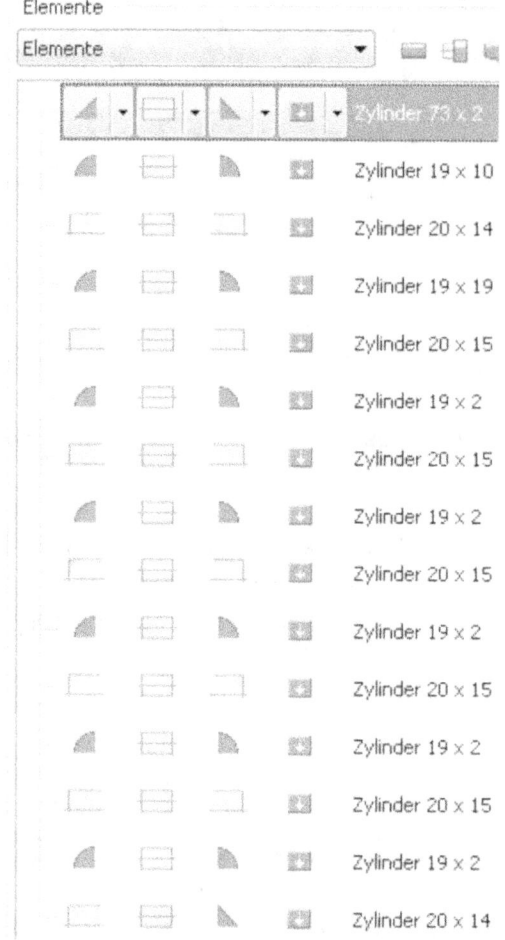

Abb. 71 Weitere Wellenabschnitte erzeugen

Um dieses Problem zu lösen, ändern Sie beim neuen Abschnitt die ... *Eigenschaften* (*D*) = *19 mm* und (*L*) = *10 mm* (Abb. 69 – R).

Die Fase sollte jetzt wieder dargestellt werden. Im Anschluss ist der Rest des zweiten Wellenabschnittes zu bearbeiten und am ▭ ▾ *Element der ersten Kante* eine *Rundung* (Radius: *0,5 mm*) zu erzeugen (Abb. 70).

Wiederholen Sie den Befehl *Rundung* auch beim ▭ ▾ *Element der zweiten Kante* und erzeugen *weitere Wellenabschnitte* (insgesamt 15 Stück).

Alle Werte und Einstellungen können, wie in Abb. 71 dargestellt, übernommen werden. Rundungen und Fasen sollen ebenfalls den Wert *0,5 mm* erhalten.

Wenn alle Elemente erzeugt wurden, kann der Befehl mit *OK* *OK* bestätigt werden.

3.4.4 Befestigungsflansch der Antriebswelle mit Bohrungen versehen

Abb. 72 (L) Welle und Kupplung isoliert; (M) Der Welle die Farbe GLAS zugewiesen; (R) Neue 2D-Skizze erzeugen

Um die Antriebswelle mit der Lamellenkupplung verbinden zu können, müssen im Befestigungsflansch der Welle, weitere Bohrungen erzeugt werden.

Markieren Sie Kupplung und Welle im Modellbaum und isolieren die beiden Komponenten (rechte Maustaste > Isolieren). Um die Sicht auf die Bohrungen der Kupplung zu erleichtern, sollte der Welle die Farbe **Glas** zugewiesen werden (Abb. 72 - M).

Doppelklicken Sie die Welle danach zweimal nacheinander, um diese zu bearbeiten.

HINWEIS: Achten Sie darauf, den Doppelklick auf die Welle zweimal nacheinander durchzuführen. Erst der zweite Doppelklick öffnet das eigentliche Bauteil.

Abb. 73 (L) Projizieren der Bohrungen; (M) Befehlsoptionen der Extrusion; (R) Welle mit Bohrungen und neuer Farbe

Im Bauteil **Welle** angelangt, erzeugen Sie eine neue **2D-Skizze** auf der in Abb. 72 - R markierten Fläche. **Projizieren** Sie die sechs markierten Bohrungen der Kupplung auf die aktuelle Skizze (Abb. 73 - L) und **beenden** den Skizzenmodus im Anschluss.

Im Modellbereich daraufhin den Befehl **Extrusion** starten und die sechs projizierten Kreise als **Differenz** extrudieren (**durch alle**, Abb. 73 - M).

Verlassen Sie den Bearbeitungsbereich der Welle. Zurück in der Baugruppe, soll ihr die Farbe **Chrom (blau)** zugewiesen werden.

3.4.5 Schrauben aus dem Inhaltscenter importieren

In der folgenden Übung sollen Schrauben aus dem Inhaltscenter in die Baugruppe importiert werden. Starten Sie den Befehl **Aus Inhaltscenter platzieren**.

Abb. 74 (L) Auswahl der Gewindebohrung; (M) Auswahl der Startfläche; (R) Bearbeiten der Schraubenlänge

Aktivieren Sie im ersten Schritt die Option **AutoDrop**. Hiermit soll sichergestellt werden, dass alle sechs Schrauben zeitgleich erzeugt werden können. Öffnen Sie die Kategorie **Verbindungselemente – Schrauben – Zylinderkopf**, wählen hier die **DIN EN ISO 4762** und bestätigen den Befehl danach mit **OK**.

Mit der linken Maustaste danach eines der sechs Gewinde der Kupplung wählen (Abb. 74 - L), die oben markierte Fläche markieren (Abb. 74 - M) und am Doppelpfeil der Schraube ziehen (Abb. 74 - R), bis die Länge **M6 X 10** erreicht ist. Die Option **Mehrere einfügen** muss aktiviert sein! **Bestätigen** Sie den Befehl.

3.4.6 Abschließende Arbeiten an der Antriebswelle

Abb. 75 (L) Schrauben erzeugt; (M) Adaptivität der Welle; (R) Axiale Abhängigkeit erzeugen

Nachdem alle Schrauben erzeugt wurden, sind noch einige Korrekturen notwendig. Die zuletzt in die Antriebswelle eingefügten Bohrungen sind abhängig von den Gewindebohrungen der Kupplung, die Welle wird im Modellbaum daher als **adaptiv** gekennzeichnet (Abb. 75 - M), was einige Nachteile mit sich bringt.

Im nächsten Schritt, soll die Adaptivität entfernt und beide Komponenten (Kupplung, Antriebswelle) mit einer Abhängigkeit versehen werden. Erweitern Sie die **Komponente Welle** im Modellbaum und entfernen vom Bauteil **Welle** die **Adaptivität** (rechte Maustaste > Adaptiv). Die Kupplung muss jetzt etwas gedreht werden (Kupplung mit gedrückter linker Maustaste etwas um ihre Achse drehen), bis Schrauben und Bohrungen der

Welle nicht mehr auf derselben Position sitzen (Abb. 75 - R). Im Anschluss soll eine axiale ⌐ **Abhängigkeit** zwischen einer der Bohrungen der Welle und einer Schraube der Kupplung erzeugt werden (Abb. 75 – R).

> **HINWEIS**: Sollte sich die Kupplung nach Entfernung der Adaptivität des **Bauteils Welle** nicht drehen lassen, entfernen Sie zusätzlich die **Adaptivität** der **Komponente Welle** (übergeordnete Baugruppe).

Abb. 76 (L) Winkelabhängigkeit unterdrücken; (M) Neuen Ordner Schrauben erzeugen; (R) Isolierung beendet

Die **Komponente Welle** ist während der Konstruktion mit dem Wellen-Generator, auf ihre derzeitige Position innerhalb des Getriebes platziert worden. Hierbei wurde eine Winkelabhängigkeit definiert, welche jetzt wieder deaktiviert werden muss. Unterdrücken Sie die in Abb. 76 – L markierte **Winkelabhängigkeit** im Modellbaum (rechte Maustaste > Unterdrücken).

Die ausgeblendeten restlichen Komponenten der Baugruppe können nun wieder aktiviert werden (rechte Maustaste > Isolieren rückgängig). Im Modellbaum als Nächstes die sechs neuen Schrauben markieren (Abb. 76 - M) und daraus einen neuen Ordner **Schrauben** erzeugen (rechte Maustaste > Zu neuem Ordner hinzufügen). Die Baugruppe danach speichern.

3.4.7 Importieren der Halterungen für die Rücklaufwelle

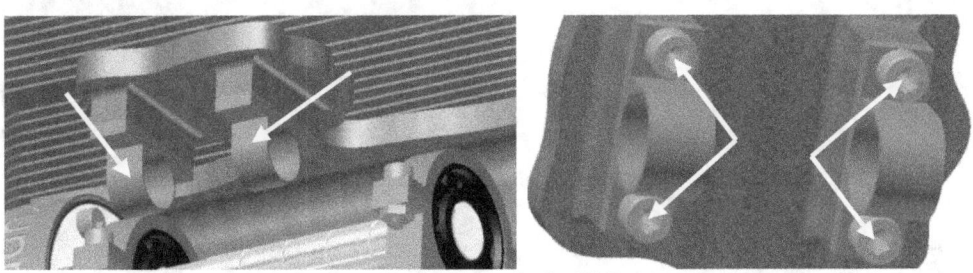

Abb. 77 (L) Importieren der Halterungen für die Rücklaufwelle; (R) Erzeugen der Schraubenverbindungen

Importieren Sie die Komponente **Rücklaufwelle-Halter.ipt** zweimal aus dem Downloadordner und platzieren diese bündig, wie in Abb. 77 dargestellt, an den beiden dafür vorgesehenen Absätzen.

Mit dem Befehl **Schraubenverbindung** soll jetzt eine **Nicht durchgehende**, **lineare** Schraubenverbindung, mit einem Gewinde (**ISO Metrisches Profil**) von **6 mm**, an den vier markierten Positionen erstellt werden. Die Entfernungen zu den Referenzkanten betragen auch hier **5 mm** und **7 mm**, der Schraubentyp ist ebenfalls **Zylinderkopfschrauben** nach **DIN EN ISO 4762**.

3.4.8 Konstruktion der Rücklaufwelle

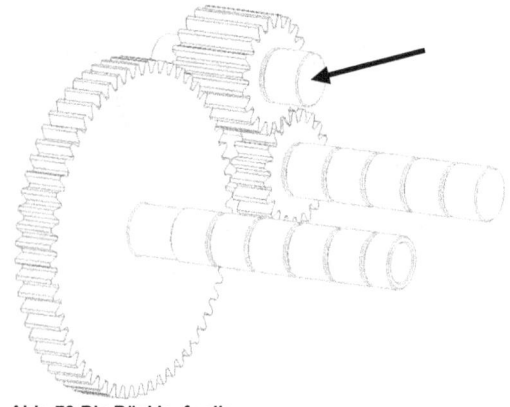

Abb. 78 Die Rücklaufwelle

Die Rücklaufwelle ist eine sehr kurze Welle, welche nur ein Zahnrad (das Rücklaufrad) trägt. Der Kraftfluss wird von der Antriebswelle auf die Rücklaufwelle und von dieser auf die Abtriebswelle übertragen. Durch diesen Übergang entsteht eine Umkehr der Drehrichtung.

Starten Sie den Befehl **Welle** und erzeugen in der Option *Elemente* **Elemente** fünf einzelne Wellenabschnitte (Abb. 79 – L), mit den dargestellten Fasen und Rundungen (**0,5 mm**).

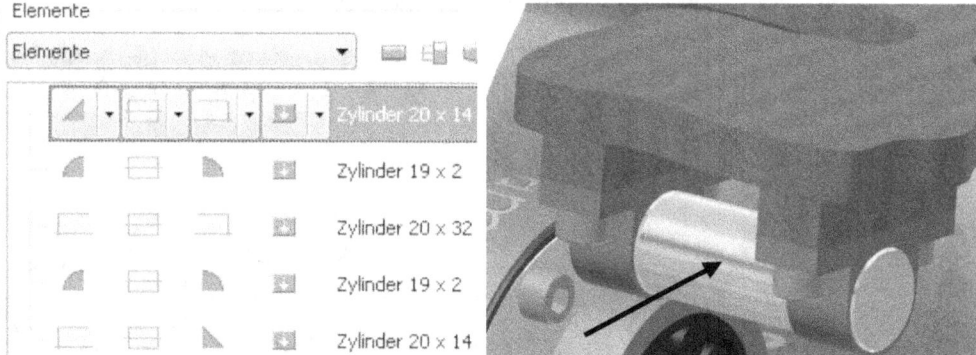

Abb. 79 (L) Die Abschnitte der Rückkaufwelle; (R) Platzierung der Rücklaufwelle in den Halterungen

Der Befehl soll dann mit **OK** beendet werden, ohne Referenzen für die Platzierung (Achse, Start, Ausrichtung) auszuwählen. Die Welle frei im Zeichenbereich ablegen und im Anschluss axial und bündig, in den Bohrungen der vorher eingefügten Halterungen **plat-**

Konstruktion der Getriebewellen

zieren (Abb. 79 - R). Der Welle daraufhin die Farbe **Chrom** zuweisen. Markieren Sie im Modellbaum die beiden neu eingefügten Halter sowie die vier neu erzeugten Schraubenverbindungen und erzeugen daraus den Ordner **Halterung-Rücklaufwelle**. Speichern Sie die Baugruppe anschließend.

3.4.9 Konstruktion der Abtriebswelle

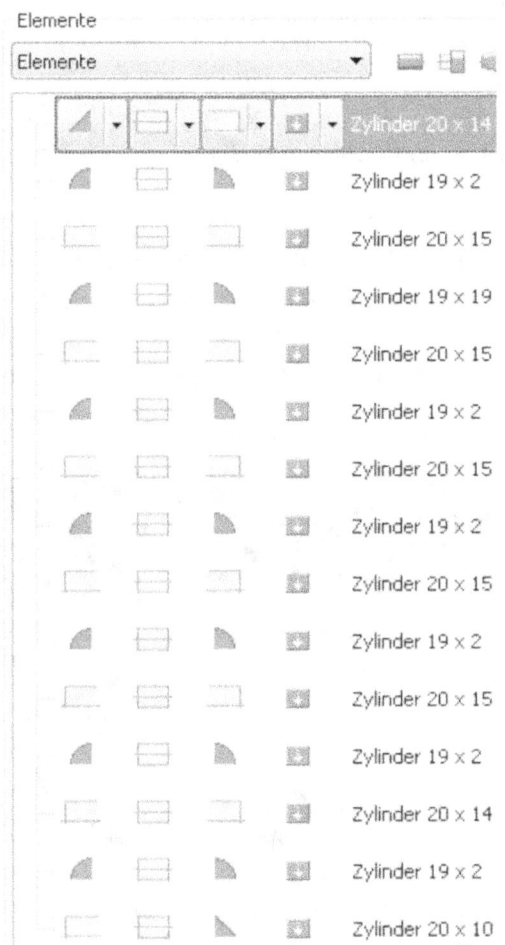
Abb. 80 Die Abschnitte der Abtriebswelle

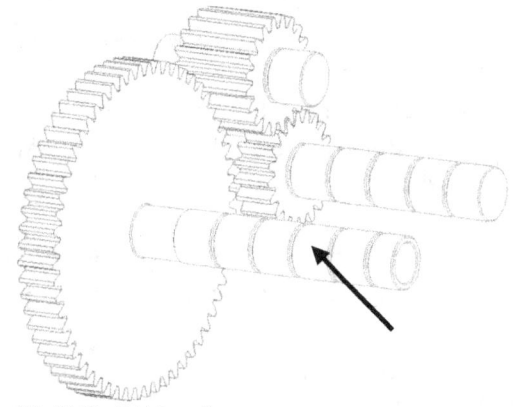
Abb. 81 Die Abtriebswelle

Die Abtriebswelle trägt fünf Zahnräder (vier für die Vorwärtsgänge und einen für den Rückwärtsgang) sowie ein Kegelrad.

Der Kraftfluss wird entweder von der Antriebs- oder der Rücklaufwelle auf die Abtriebswelle übertragen und von dieser auf ein Kegelradgetriebe.

Im Gegensatz zu den beiden anderen Wellen, wird die Abtriebswelle als Hohlwelle ausgeführt und die fünf Zahnräder (für die Vorwärtsgänge und den Rückwärtsgang) können auf der Welle frei gedreht werden.

Innerhalb dieser Welle befindet sich ein Keil, welcher die Aufgabe hat, jeweils eines der Zahnräder fest mit der Abtriebswelle zu verbinden.

Starten Sie den Befehl **Welle** und erzeugen Sie 15 Wellenabschnitte, analog zur Abb. 81. Alle Fasen und Rundungen, sollen den Wert **0,5 mm** erhalten.

Auch bei der Abtriebswelle, werden vorerst keine Referenzen für die Platzierung (Achse, Start, Ausrichtung) benötigt, da die Welle manuell positioniert werden soll.

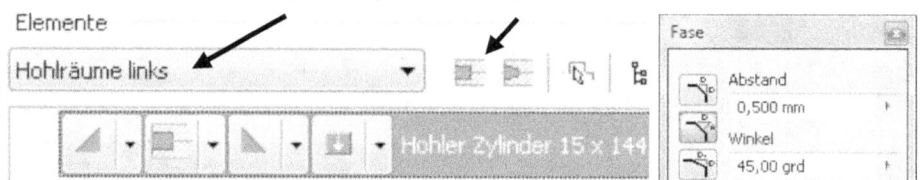

Abb. 82 (L) Hinzufügen eines Hohlraumes; (R) Erzeugen zweier Fasen

Wechseln Sie im Feld **Elemente** zur Option `Hohlräume links` **Hohlräume Links** (Abb. 82 - L). Da die Abtriebswelle innen hohl sein muss, soll im folgenden Schritt eine durchgehende, axiale Bohrung eingefügt werden.

Hierfür die Option **Inneren Zylinder einfügen** aktivieren und einen Hohlraum mit einem **Durchmesser** (D) von **15 mm** und einer **Länge** (L) von **144 mm** erzeugen (Abb. 82 - L).

Dieser Bohrung danach zwei **Fasen** von **0,5 mm** hinzufügen (Abb. 82) und den Befehl mit **OK** bestätigen.

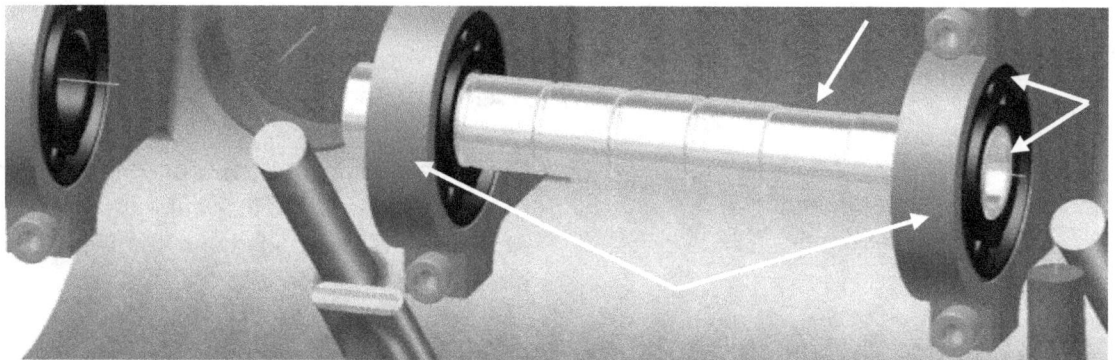

Abb. 83 Axiales Platzieren der Welle in den beiden markierten Lagern und bündiger Abschluss auf der rechten Seite

Platzieren Sie die Welle axial in den beiden, in Abb. 83 markierten Lagern. Die Welle muss unbedingt bündig mit dem rechts markierten Lager abschließen.

Besonders ist darauf zu achten, dass der Wellenabschnitt **19 × 19 mm**, an der markierten Position (Abb. 83) platziert werden muss. Der Welle dann die Farbe **Chrom (blau)** zuwiesen und die Baugruppe speichern.

3.5 Konstruktion der Zahnradpaare

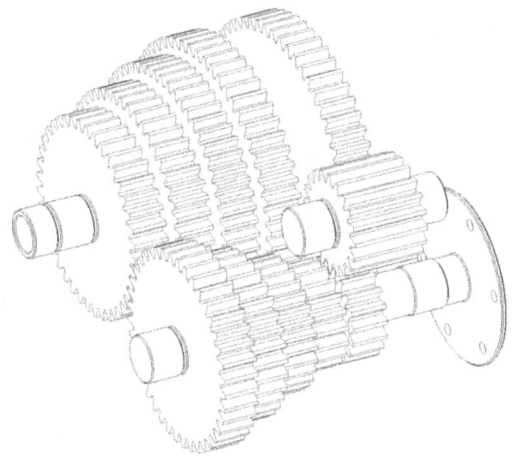

Abb. 84 Schematische Darstellung der Stirnräder

Bei einem Ziehkeilgetriebe, sind die Zahnräder eines Zahnradpaares ständig im Eingriff. Die Zahnräder auf der Antriebswelle, sind fest mit dieser verbunden. Die Zahnräder der Abtriebswelle, können auf dieser frei gedreht werden.

Erst wenn der, sich innerhalb der Abtriebswelle axial frei bewegliche Ziehkeil, auf Höhe eines Zahnradpaares schiebt, aktiviert dieser eine Sperre und verbindet Zahnrad und Abtriebswelle miteinander.

Der Kraftfluss wird dann, über dieses Zahnradpaar, auf die Abtriebswelle übertragen.

3.5.1 Befehlsgrundlagen STIRNRÄDER-GENERATOR

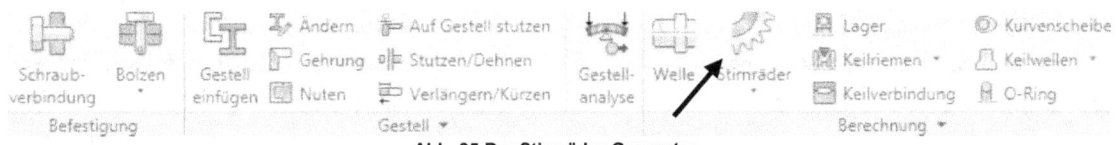

Abb. 85 Der Stirnräder-Generator

Der **Stirnräder-Generator** ermöglicht die Berechnung und Konstruktion von Stirnradpaaren. Deren Berechnung erfolgt über die Definition von Übersetzungsverhältnis, Eingriffs- oder Schrägungswinkel und weiteren Randbedingungen. Die Stirnräder können auf bereits vorhandene geometrische Elemente der Baugruppe (Wellen, Achsen), platziert werden.

3.5.1.1 Reiter KONSTRUKTION

INHALT

Im Reiter **Konstruktion** werden Berechnungstyp, Übersetzungsverhältnis, Achsabstand, Eingriffswinkel und geometrische Abmessungen der Stirnräder festgelegt.

Konstruktion der Zahnradpaare

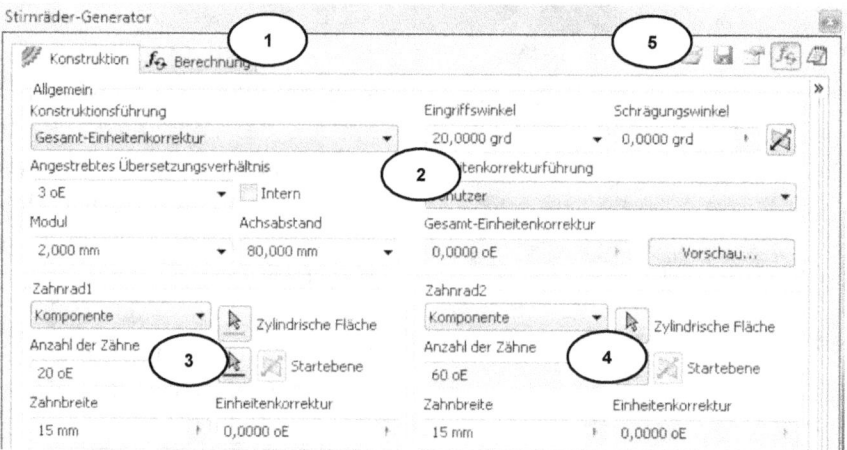

Abb. 86 Der Stirnräder-Generator (Reiter: Konstruktion)

OPTIONEN

1) Reiter: Konstruktion oder Berechnung
2) Auswahl der allgemeinen Konstruktionsdetails (Berechnungstyp, Übersetzungsverhältnis, Modul, Achsabstand, Eingriffswinkel, Schrägungswinkel)
3) Geometrie erstes Stirnrad
4) Geometrie zweites Stirnrad
5) Importieren/ Exportieren der Berechnungswerte, Aktivieren/ Deaktivieren der Berechnung, Bearbeiten der Dateibenennung, Zurücksetzen der Berechnungswerte

3.5.1.2 Reiter BERECHNUNG

INHALT

Der Reiter **Berechnung** ermöglicht eine Auswahl der Methode der Festigkeitsberechnung sowie die Definition von Material, Gebrauchsdauer und Belastung.

OPTIONEN

1) Reiter: Konstruktion oder Berechnung
2) Methode der Festigkeitsberechnung
3) Definition der Belastungen
4) Auswahl des Materials
5) Definition der Gebrauchsdauer
6) Berechnungsergebnisse

Konstruktion der Zahnradpaare

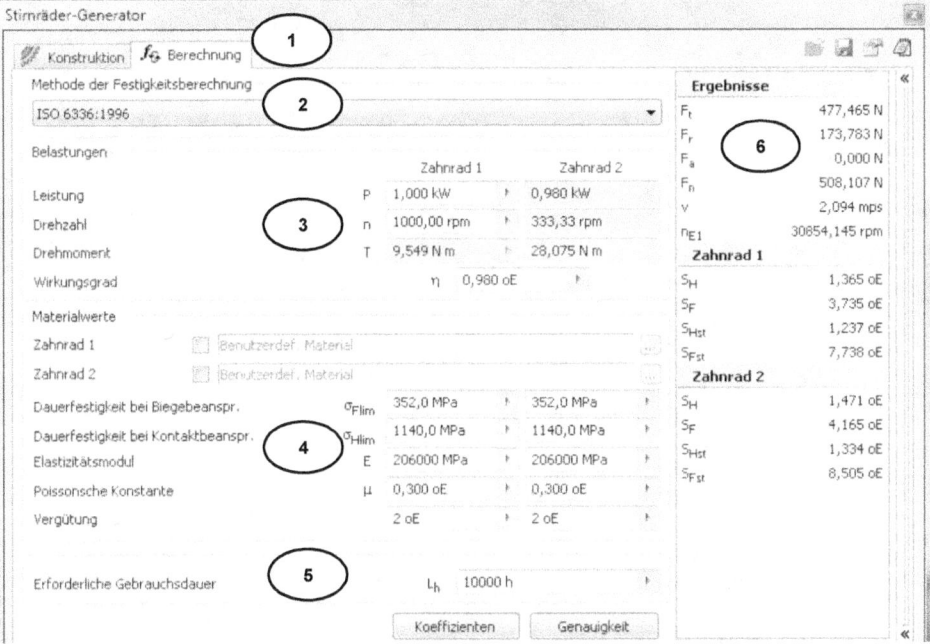

Abb. 87 Der Stirnräder-Generator (Reiter: Berechnung)

3.5.2 Konstruktion des Zahnradpaares für den ersten Gang

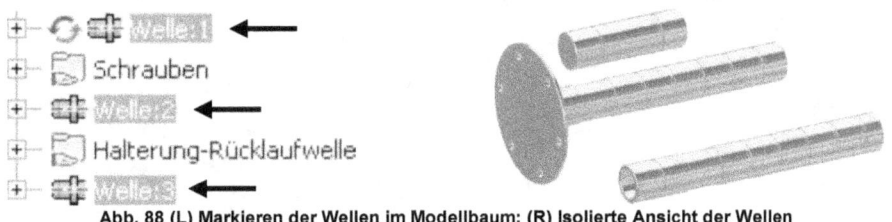

Abb. 88 (L) Markieren der Wellen im Modellbaum; (R) Isolierte Ansicht der Wellen

In der folgenden Übung, sollen die einzelnen Zahnradpaare konstruiert werden. Um die Darstellung übersichtlicher zu gestalten, markieren Sie die drei Wellen im Modellbaum, isolieren diese (rechte Maustaste > Isolieren) und starten erst dann den Befehl **Stirnrad**.

Für den ersten Gang, soll ein **Übersetzungsverhältnis** von **3** verwendet werden. Das bedeutet, dass sich die Drehzahl der Kurbelwelle nur zu einem Drittel von der Antriebs- auf die Abtriebswelle überträgt.

Das Drehmoment verstärkt sich hingegen umgekehrt proportional. Die Anzahl der Zähne für das **treibende Rad** soll **20**, für das **getriebene Rad 60 Zähne** betragen. Alle Stirnräder des Getriebes werden eine **Breite** von **15 mm** haben.

Konstruktion der Zahnradpaare

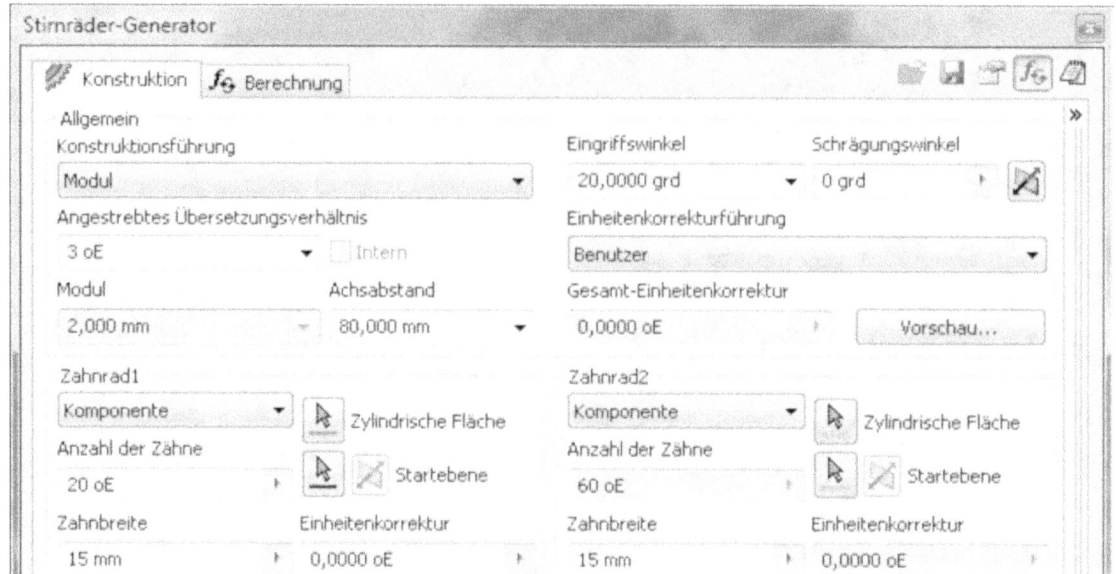

Abb. 89 Der Stirnräder-Generator (Reiter: Konstruktion) im ersten Gang

Übernehmen Sie alle Werte und Einstellungen aus Abb. 89. Im ersten Schritt müssen die Angaben im Feld **Allgemein**, darauf folgend im Feld **Zahnrad1** übernommen werden. Daraufhin kann die [Berechnen] **Berechnung** gestartet werden. Abweichende Änderungen im Feld **Zahnrad2** bitte erst nach den vorhergehenden Schritten übernehmen.

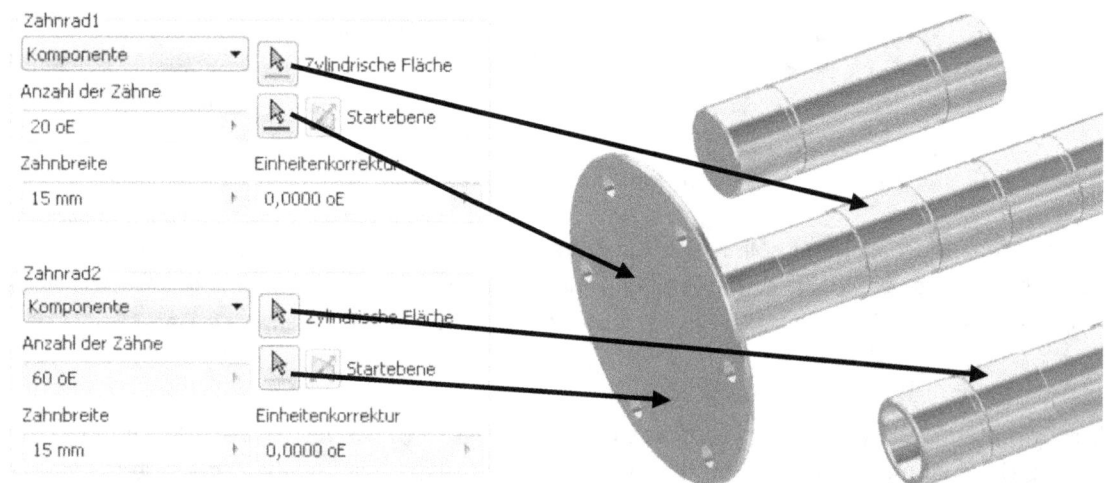

Abb. 90 Zahnrad 1 und 2 werden Referenzen für die zylindrische Fläche und die Startebene zugewiesenen

Nachdem die Werte vollständig eingetragen und berechnet wurden, kann mit der Zuordnung, der zur Positionierung der Zahnräder notwendigen geometrischen Elemente, begonnen werden. Wählen Sie für beide Zahnräder, die in Abb. 90 dargestellten Referenzen (zylindrische Fläche und Startebene).

Konstruktion der Zahnradpaare

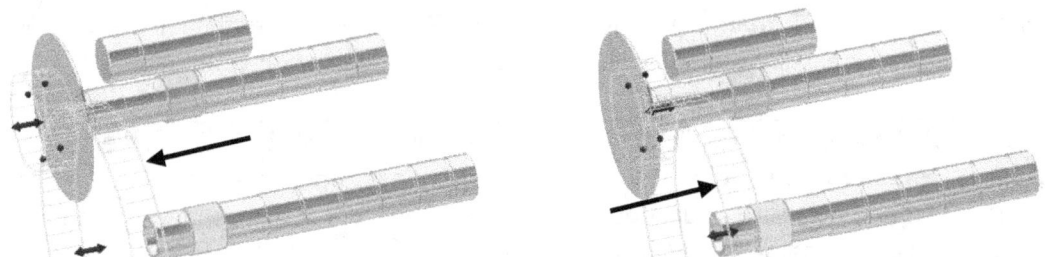

Abb. 91 (L) Zahnradpaar links von der Startebene; (R) Position des Zahnradpaares korrigiert (rechts von der Startebene)

Achten Sie besonders darauf, dass das Zahnradpaar, wie in Abb. 91 dargestellt, rechts neben der Startebene liegt. Sollte dies nicht der Fall sein, muss der Befehl **Seite umkehren** zur Korrektur verwendet werden (separat für jedes Zahnrad). Anschließend mit **OK** bestätigen.

Abb. 92 (L) Abhängigkeiten (Fluchtend) im Modellbaum; (M) Bearbeitung der Abhängigkeiten; (R) Zahnräder an neuer Position

Das Zahnradpaar **Stirnräder:1** sollte im Modellbaum automatisch als **flexibel** gekennzeichnet worden sein werden. Sollte dies nicht der Fall sein, ist eine Korrektur notwendig (rechte Maustaste > Flexibel).

Prüfen Sie die Flexibilität des Zahnradpaares, in dem eines der Zahnräder bei gedrückter linker Maustaste bewegt wird. Das zweite Zahnrad sollte analog dazu bewegen. Die passenden Achsen wurden den Zahnrädern bereits zugeordnet, die genaue Position auf den Wellen, muss allerdings noch festgelegt werden.

Hierzu die Baugruppe **Stirnräder:1 Stirnräder** im Modellbaum aufklappen (Abb. 92 - L) und die beiden Abhängigkeiten **Fluchtend**, mit einem zusätzlichen Abstand zur Startebene versehen. Bearbeiten Sie die erste Abhängigkeit **Fluchtend** (rechte Maustaste > Bearbeiten) und ändern den **Versatzwert** auf **-62 mm** (Abb. 92 - M).

Das erste Zahnrad sollte jetzt in Richtung Achsenmitte versetzt werden (Abb. 92 - R). Sollte dies nicht der Fall sein (Zahnrad wird außerhalb Achse versetzt) muss das negative Vorzeichen entfernt werden. Sobald das erste Zahnrad auf der richtigen Position sitzt, muss die zweite Abhängigkeit ⊟ *Fluchtend* mit demselben Versatzwertz bearbeitet werden. Beide Zahnräder sollten danach, wie in Abb. 92 – R dargestellt, positioniert worden sein.

> **HINWEIS**: Sollte in Ihrem Modellbaum anstelle der Abhängigkeit ⊟ *Fluchtend* eine Abhängigkeit ⌁ *Passend* vorhanden sein, muss lediglich das Vorzeichen des Versatzwertes geändert werden. Wichtig ist nur, dass die Anordnungen der Zahnradpaare bei Ihnen mit den Abbildungen in diesem Buch übereinstimmen.

3.5.3 Konstruktion der Zahnradpaare für die restlichen Vorwärtsgänge

Für die folgenden drei Zahnradpaare der Vorwärtsgänge zwei, drei und vier, ist die Vorgehensweise identisch. Wiederholen Sie die vorherige Befehlskette und übernehmen Sie die Werte und Einstellungen aus den folgenden Abbildungen.

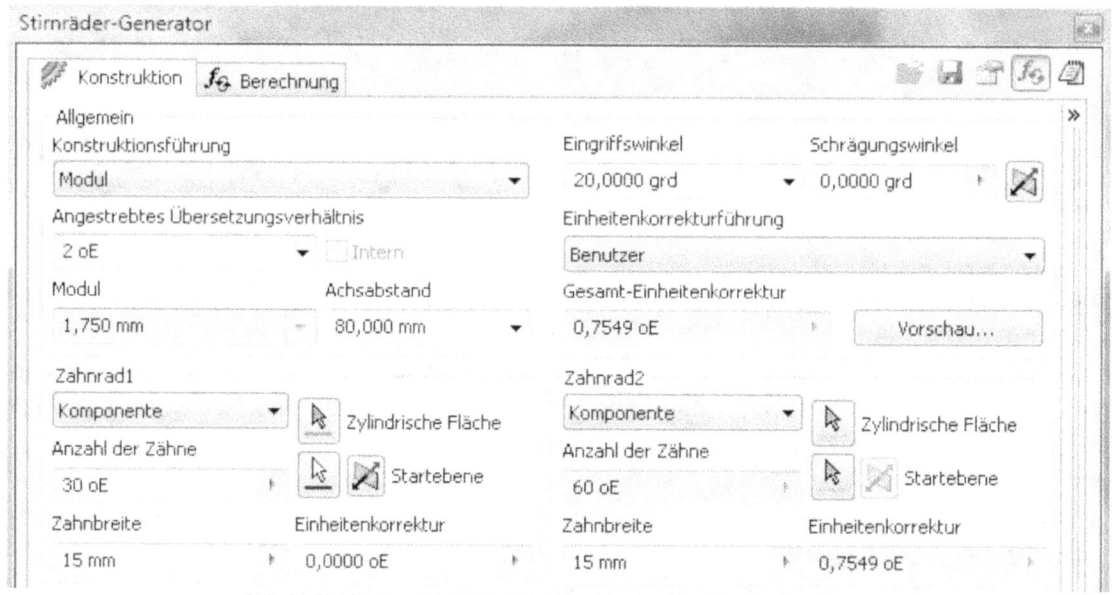

Abb. 93 Der Stirnräder-Generator (Reiter: Konstruktion) im zweiten Gang

Für den zweiten Gang benötigen wir ein **Übersetzungsverhältnis** von **2**, bei **30 Zähnen** für das **Zahnrad1**. Auch hier sollte dieselbe Reihenfolge bei der Berechnung des Zahnradpaares eingehalten werden, wie beim ersten Zahnradpaar.

Als Referenzen (zylindrische Fläche, Startebene) können die gleichen geometrischen Elemente wie beim ersten Zahnradpaar verwendet werden. Die restlichen Werte und Einstellungen sind aus Abb. 93 zu übernehmen.

Konstruktion der Zahnradpaare

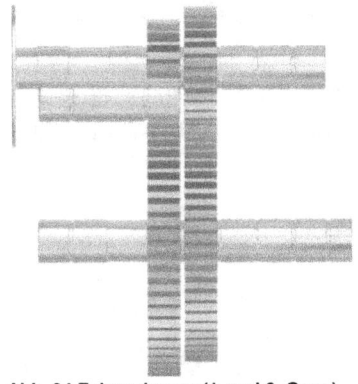

Nachdem das Zahnradpaar berechnet wurde, müssen auch hier beide Abhängigkeiten **Fluchtend** geändert werden.

Verwenden Sie einen **Versatz** von **-79 mm** und kontrollieren Flexibilität sowie korrekte Position des Zahnradpaares auf den Achsen (Abb. 94).

Der Abstand zwischen den Zahnradpaaren muss **2 mm** betragen.

Abb. 94 Zahnradpaare (1. und 2. Gang)

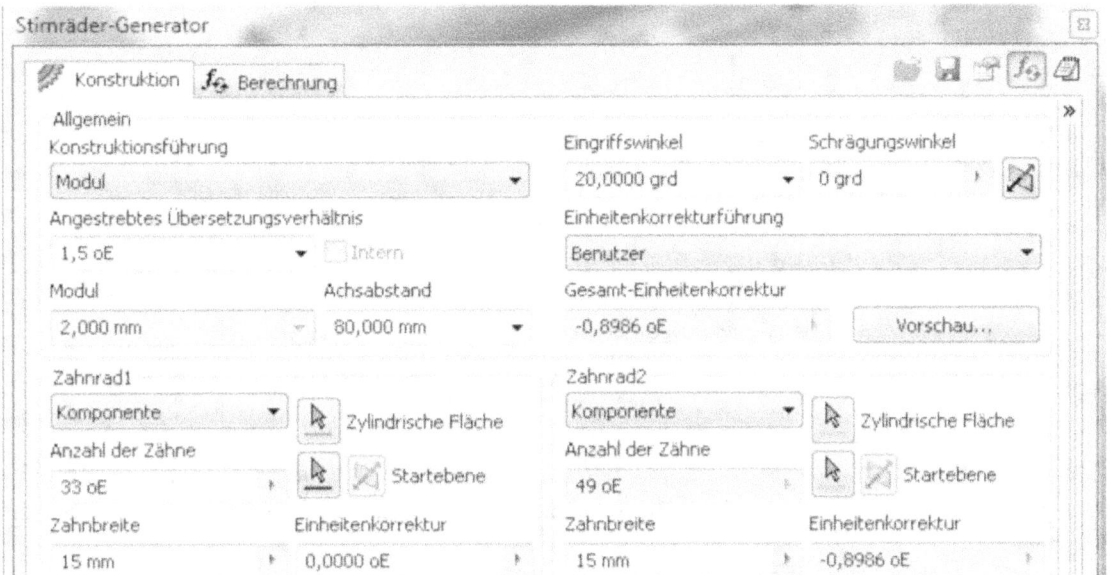

Abb. 95 Der Stirnräder-Generator (Reiter: Konstruktion) im dritten Gang

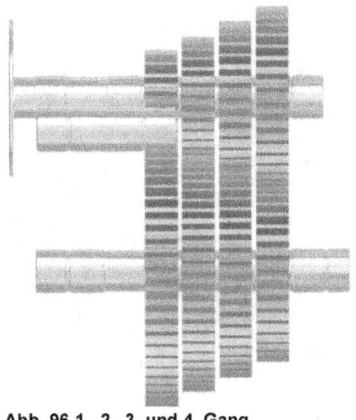

Der dritte Gang soll ein **Übersetzungsverhältnis** von **1,5** erhalten, die Anzahl der **Zähne** von **Zahnrad1** soll **33** betragen.

Der **Versatz** beider Zahnräder muss anschließend auf **-96 mm** geändert werden. Die restlichen Werte und Einstellungen sind aus Abb. 95 zu übernehmen.

Der vierte Gang wird mit einem **Übersetzungsverhältnis** von **1** betrieben. Dieser Gang wird daher auch als Direktgang bezeichnet.

Abb. 96 1., 2., 3. und 4. Gang

Konstruktion der Zahnradpaare

Das bedeutet, dass Drehmoment und Drehzahl von der Kurbelwelle, über die Antriebswelle unverändert auf die Abtriebswelle übertragen werden (abzüglich einiger Verluste). **Zahnrad1** soll mit **40 Zähnen** betrieben werden, der **Versatz** beider Zahnräder zur Startebene soll **-113 mm** betragen. Die restlichen Werte und Einstellungen bitte aus Abb. 97 übernehmen.

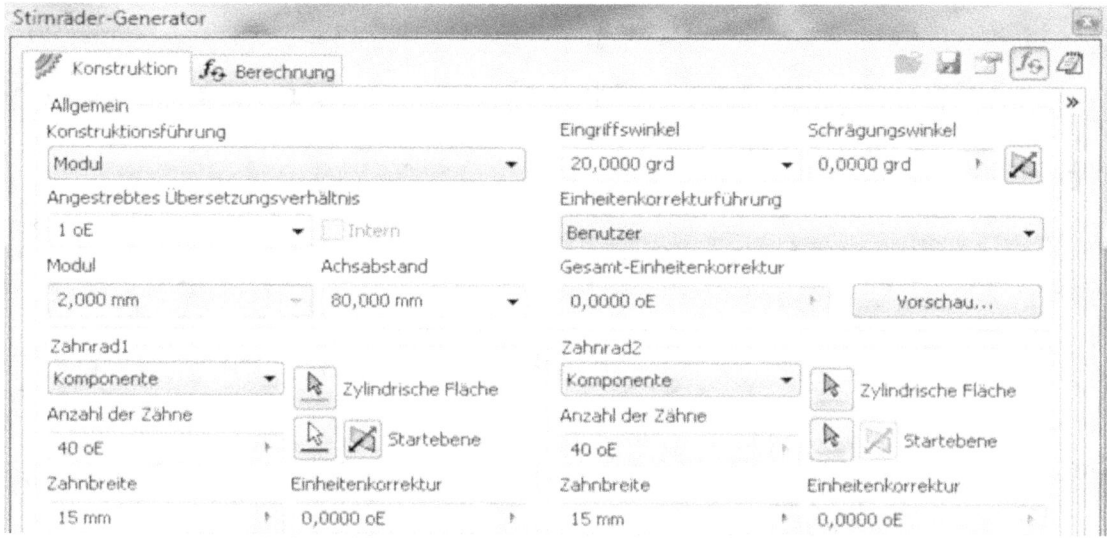

Abb. 97 Der Stirnräder-Generator (Reiter: Konstruktion) im vierten Gang

3.5.4 Importieren der Zahnräder für den Rückwärtsgang

Der Rückwärtsgang stellt in seiner Konstruktion eine Besonderheit dar. Die Drehrichtung von An- und Abtriebswelle ist nicht entgegengesetzt (wie bei den Vorwärtsgängen), sondern identisch.

Beide Zahnräder dürfen sich nicht berühren und laufen daher versetzt zueinander. Kraftübertragung und Wandlung der Drehrichtung, erfolgt über die Rücklaufwelle. Leider bietet uns der Stirnräder-Generator keine Möglichkeit, ein solches Gebilde zu konstruieren. Wir verwenden daher bereits vorgefertigte Zahnräder.

Abb. 98 (v.L.n.R.) Zahnräder wurden eingefügt; Stirnrad1 axial befestigt; Stirnrad2 axial befestigt; Stirnrad3 axial befestigt

Konstruktion der Zahnradpaare

Importieren Sie die Komponenten *Rückwärtsgang-Stirnzahnrad1.ipt*, *Rückwärtsgang-Stirnzahnrad2.ipt* und *Rückwärtsgang-Stirnzahnrad3.ipt* aus dem Downloadordner und legen diese frei in der Baugruppe ab (Abb. 98 - L).

Ordnen Sie die Zahnräder mit je einer axialen *Abhängigkeit* den drei markierten Achsen zu. Das kleine, kurze Zahnrad soll auf die Antriebswelle, das kleine, lange Zahnrad auf die Rücklaufwelle und das große Zahnrad gehört auf die Abtriebswelle (Abb. 98).

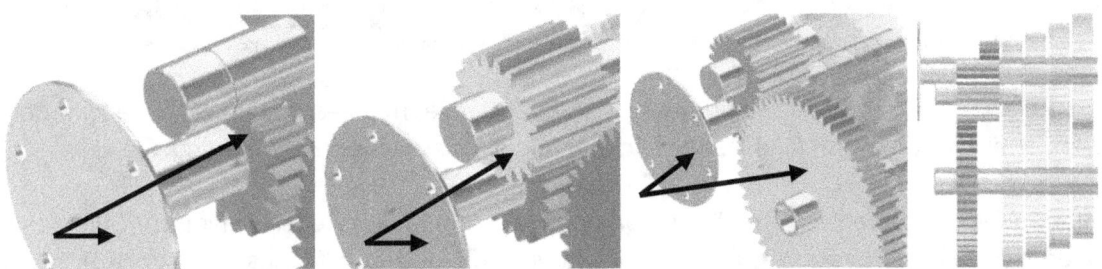

Abb. 99 Positionierung der Zahnräder in der beschriebenen Reihenfolge

Im folgenden Schritt, sollen die drei Zahnräder einer festen Position auf der jeweiligen Achse zugewiesen werden. Als Referenzfläche, wird uns in allen Fällen, die markierte Fläche der Antriebswelle dienen (Abb. 99).

Beginnen Sie mit dem Zahnrad der Antriebswelle. Verwendet werden soll eine *fluchtende Abhängigkeit*, mit einem *Versatzwert* von *45 mm* zur markierten Referenzfläche (Abb. 99 – Bild 1). Als Nächstes sollen die Zahnräder auf Rücklauf- und Abtriebswelle mit einer *fluchtenden Abhängigkeit*, aber einem *Versatzwert* von *28 mm* zur markierten Referenzfläche (Abb. 99 – Bild 2 und 3) versehen werden.

Speichern Sie die Baugruppe im Anschluss, um alle neu erzeugten Komponenten zu sichern.

HINWEIS: Sollte eines der Zahnräder bei Ihnen, abweichend von der Darstellung in Abb. 99 – Bild 4 positioniert werden, negieren Sie zur Korrektur das entsprechende Vorzeichen des Versatzwertes.

3.5.5 Wellen und Zahnräder mit Bewegungsabhängigkeiten versehen

Nachdem alle Stirnräder in die Baugruppe eingefügt wurden, müssen diese noch mit weiteren Abhängigkeiten versehen werden. Die drei Zahnräder für den Rückwärtsgang, sollen im ersten Schritt voneinander abhängig gemacht werden. Danach müssen die Drehbewegungen der Wellen, auf die jeweiligen Stirnräder übertragen werden.

Konstruktion der Zahnradpaare

Abb. 100 Antriebswelle und Zahnrad1 des Rückwärtsganges werden durch eine Drehbewegung miteinander verbunden

Im ersten Schritt sollen alle Zahnräder der Antriebswelle, mit dieser fest verbunden werden. Dies erreichen wir durch eine Bewegungsabhängigkeit zwischen Zahnrad und Welle.

Starten Sie den Befehl **Abhängigkeit** und wechseln in den Reiter **Bewegung**. Sie benötigen den Typ **Drehung**, ein **Verhältnis** von **1:1** und den Modus **Vorwärts**. Als **Auswahl1** ist die **markierte Stirnfläche** der **Antriebswelle** zu verwenden, als **Auswahl2** die **markierte Stirnfläche** des **Zahnrades1** für den Rückwärtsgang (Abb. 100).

Bestätigen Sie den Befehl durch **Anwenden** und wiederholen diese Befehlskette, bei den restlichen vier Zahnrädern der Antriebswelle. Um die korrekte Zuordnung der Drehbewegungen anschließend zu testen, kann die Antriebswelle bei gedrückter linker Maustaste bewegt werden.

Alle fünf Zahnräder auf der Antriebswelle, sowie die vier Zahnräder der Vorwärtsgänge auf der Abtriebswelle, sollten sich jetzt ebenfalls bewegen.

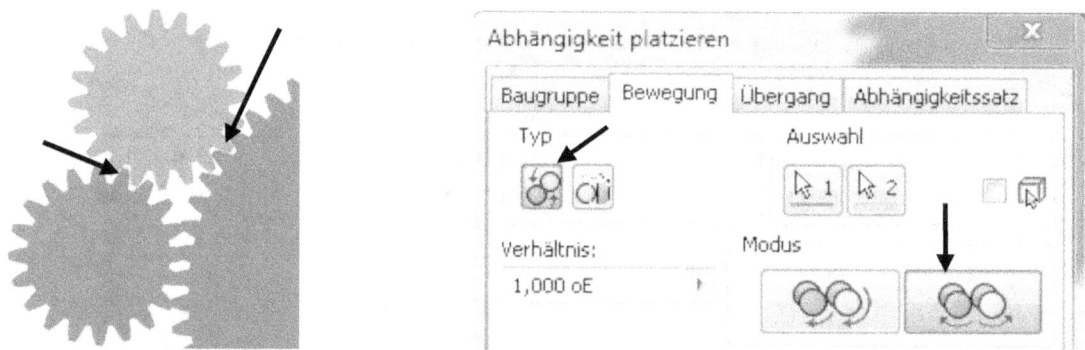

Abb. 101 (L) Markierte Positionen, an denen die Zahnräder ineinander greifen müssen; (R) Neue Bewegungsabhängigkeit

Die drei Zahnräder für den Rückwärtsgang, müssen manuell voneinander abhängig gemacht werden. Markieren Sie diese Zahnräder im Modellbaum und isolieren diese (rechte Maustaste > Isolieren).

Konstruktion der Zahnradpaare

Wechseln Sie beim **ViewCube** in die Ansicht **VORNE** und drehen die Zahnräder danach solange per Hand, bis die Zähne der Zahnräder, an den in Abb. 101 - L markierten Schnittstellen, kollisionsfrei ineinandergreifen. Die Zahnräder der Antriebs- und Rücklaufwelle, sowie die Zahnräder der Rücklauf- und Abtriebswelle müssen ineinandergreifen.

Starten Sie den Befehl **Abhängig machen** und wechseln in den Reiter **Bewegung**. Bei den folgenden beiden Abhängigkeiten ist darauf zu achten, Modus ∞ **Rückwärts** und Typ **Drehung** zu aktivieren (Abb. 101 - R).

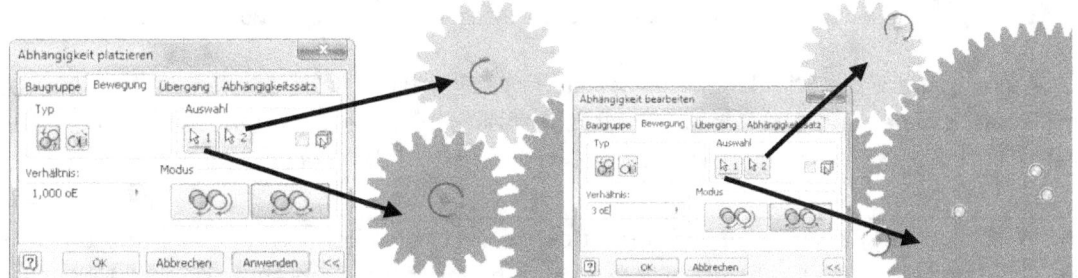

Abb. 102 (L) Abhängigkeit zw. Antriebs- und Rücklaufwelle; (R) Abhängigkeit zw. Rücklauf- und Abtriebswelle

Als Referenz ist bei der ersten Abhängigkeit, für **Auswahl1** die markierte Seitenfläche des Zahnrades auf der Antriebswelle und für **Auswahl2** die markierte Seitenfläche des Zahnrades der Rücklaufwelle zu wählen (Abb. 102 - L). Verwenden Sie ein **Verhältnis** von **1:1**, den Typ **Drehung** und den Modus **Rückwärts**. Bestätig werden, soll der Befehl durch Anwenden.

Als Referenz ist bei der zweiten Abhängigkeit, für **Auswahl1** die Seitenfläche des Zahnrades auf der Abtriebswelle, für **Auswahl2** die Seitenfläche des Zahnrades auf der Rücklaufwelle zu wählen. Typ und Modus sind identisch, das **Verhältnis** muss **3:1** betragen (Abb. 102 - R).

> **HINWEIS**: Sollte sich das große Stirnrad schneller drehen als das kleine, wurden die Referenzen eventuell in einer anderen Reihenfolge gesetzt. Dann muss das Verhältnis auf **1:3** geändert werden.

Beenden Sie die isolierte Ansicht (rechte Maustaste > Isolieren rückgängig) und erzeugen eine weitere Abhängigkeit zwischen Abtriebswelle und Zahnrad des vierten Ganges.

Zu aktivieren sind Typ **Drehung**, Modus ∞ **Vorwärts** und **Verhältnis** von **1:1**.

Konstruktion der Zahnradpaare

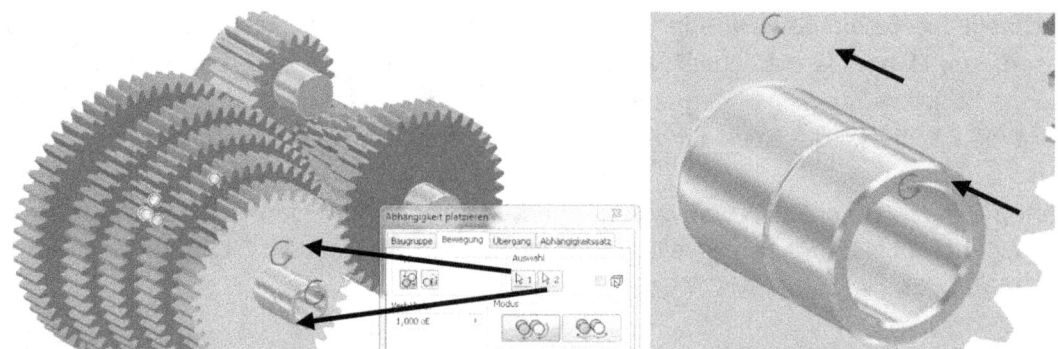

Abb. 103 (L) Abhängigkeit zwischen Zahnrad (vierter Gang) und Abtriebswelle erzeugen; (R) Detailansicht der Abtriebswelle

Als **Auswahl1** soll die Stirnfläche des markierten Zahnrades (Zahnrad vom vierten Gang auf der Abtriebswelle) und als **Auswahl2** die schmale Stirnfläche der Abtriebswelle verwendet werden (Abb. 103). Die Stirnräder anschließend mit der Farbe **Chrom** versehen.

HINWEIS: Sollten nach der Deaktivierung der Isolierung weiterhin nur Zahnräder und Wellen sichtbar sein, markieren Sie bitte alle grau hinterlegten Komponenten im Modellbaum (außer der Komponente **Motorradrahmen**!) und aktivieren deren Sichtbarkeit (rechte Maustaste > Sichtbarkeit).

Abb. 104 (L) Neuer Ordner Stirnräder; (R) Lager wurde ebenfalls in den Ordner Lager verschoben

Die sieben Stirnräder als Nächstes im Modellbaum markieren und daraus einen neuen Ordner **Stirnräder** erzeugen (Abb. 104).

Um das neu erzeugte Lager, dem bereits vorhandenen Ordner **Lager** (Modellbaum) hinzuzufügen, diesen Ordner bitte aufklappen und das neue Lager bei gedrückter, linker Maustaste in diesen Ordner verschieben.

Speichern Sie die Baugruppe anschließend.

3.6 Konstruktion des Kegelradgetriebes

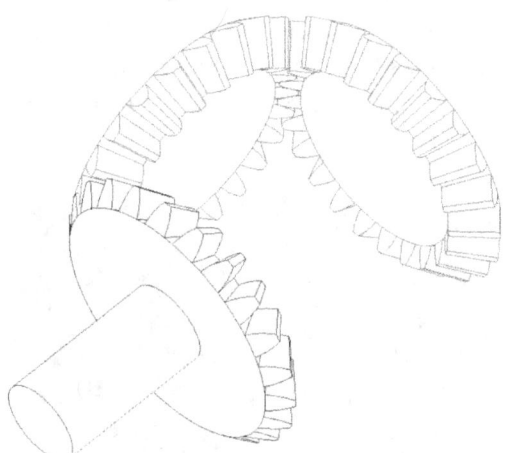

Aufgrund der Bauweise unseres Ziehkeilgetriebes, in welchem eine durchgängige Rollenkette komplett durch die Abtriebswelle läuft, benötigen wir eine weitere Getriebekomponente. Ein Kegelradgetriebe.

Die Rollenkette muss an beiden Wellenenden genügend Platz haben, über ihre Zahnräder gespannt und umgelenkt werden zu können. Besonders problematisch wird das auf der Zahnriemenseite des Motors, da die Abtriebswelle hier den Getrieberaum verlassen wird.

Abb. 105 Schematische Darstellung Kegelradgetriebe

Um diese geometrische Konstruktion zu ermöglichen, verwenden wir ein Kegelradgetriebe. Dieses Getriebe wird aus drei identischen Kegelrädern bestehen, welche jeweils, in einem Winkel von 90° zueinander angeordnet sind.

Der Kegelräder-Generator, ermöglicht leider nur eine Konstruktion eines Kegelradpaares, also von zwei Kegelrädern. Das dritte Kegelrad, wird später aus dem Downloadordner hinzugefügt.

3.6.1 Welle und Lager zur Platzierung der Kegelräder arrangieren

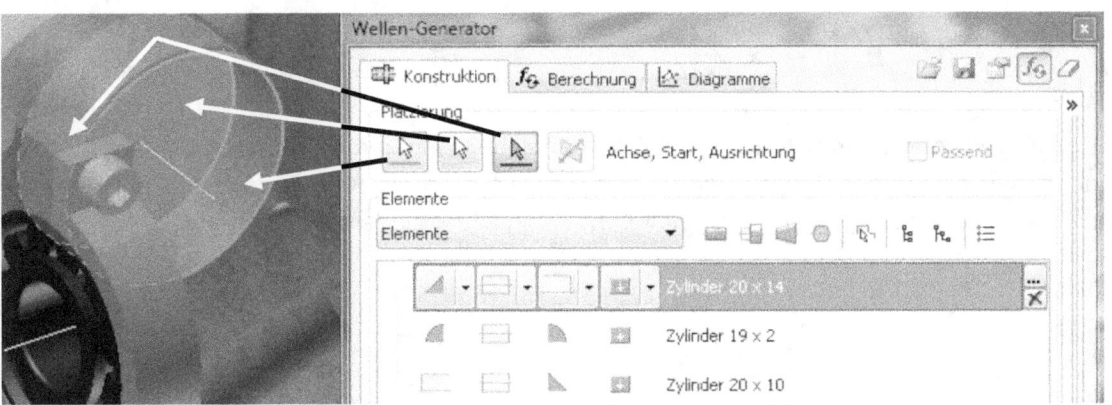

Abb. 106 Wellen-Generator mit den Werten der neuen Welle

Starten Sie den Befehl **Welle**. Im Bereich **Platzierung** sind die in Abb. 106 markierten Referenzen für **zylindrische Fläche**, **planare Startfläche** und **planare Fläche zur Ausrichtung** zu wählen.

Übernehmen Sie im Anschluss die drei dargestellten Wellenabschnitte (Abb. 106). Alle Fasen und Rundungen sind jeweils mit dem Wert *0,5* zu versehen. Es ist darauf zu achten, dass die Welle von der Startebene aus, in Richtung Getriebeinnenraum zeigt (Abb. 107). Sollte dies nicht der Fall sein, muss mittels *Seite umkehren* korrigiert werden. Der Befehl ist durch *OK* zu bestätigen, der Welle anschließend die Farbe *Chrom (blau)* zuzuweisen.

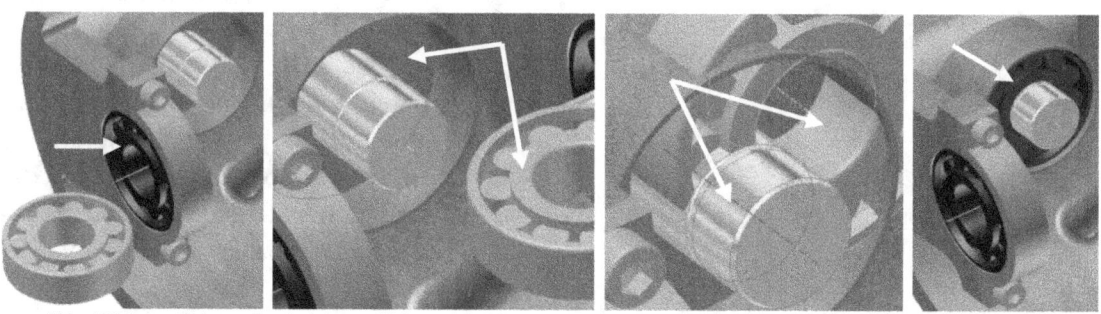

Abb. 107 (v.L.n.R) Lager kopiert; Lagerfläche auf Gehäusewand platzieren; Lager axial auf Welle setzen; Farbe ändern

Markieren Sie das in Abb. 107 – Bild 1 markierte Lager, kopieren dieses (Strg+C) und fügen eine Kopie ein (Strg+V). *Platzieren* Sie das Lager darauf folgend, wie in den Abb. 107 – Bilder 2 und 3 dargestellt (Flächenabhängigkeit zum Getriebegehäuse, Achsenabhängigkeit zur Welle). Das Lager dann mit der Farbe *Blau* versehen und die Baugruppe speichern.

3.6.2 Befehlsgrundlagen KEGELRÄDER-GENERATOR

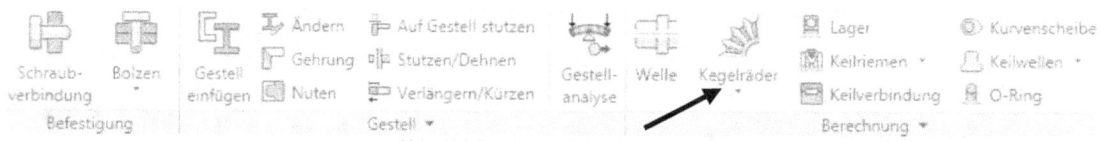

Abb. 108 Der Kegelräder-Generator

Der *Kegelräder-Generator* ist prinzipiell vergleichbar mit dem Stirnrad-Generator. Die Vorgehensweise bei der Berechnung ist ähnlich, nur dass die Kegelräder nicht parallel zueinander liegen, sondern in einem definierten Winkel zueinander angeordnet sind.

3.6.2.1 Reiter KONSTRUKTION

INHALT

Der Reiter *Konstruktion* ermöglicht die Vorgabe der Konstruktionsbedingungen und eine Platzierung der Kegelräder auf geometrische Elemente der Baugruppe.

Konstruktion des Kegelradgetriebes

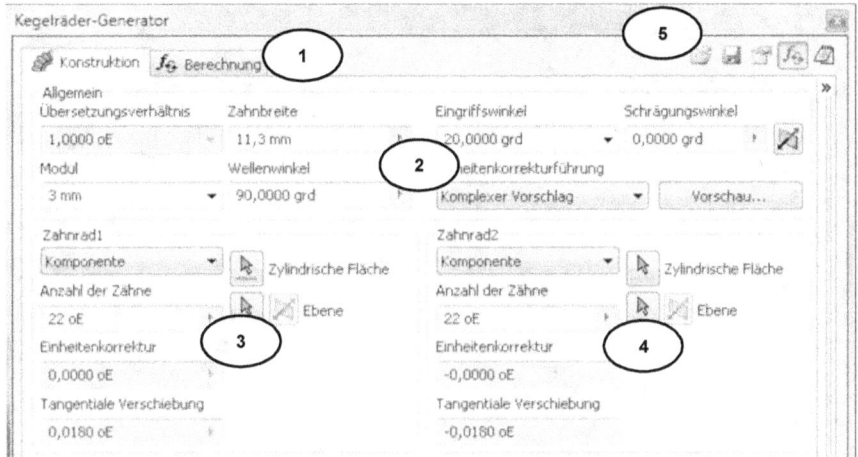

Abb. 109 Der Kegelräder-Generator (Reiter: Konstruktion)

OPTIONEN

1) Reiter: Konstruktion oder Berechnung
2) Übersetzungsverhältnis, Winkel, Modul
3) Geometrische Abmessungen und Platzierung Kegelrad 1
4) Geometrische Abmessungen und Platzierung Kegelrad 2
5) Importieren/ Exportieren der Berechnungswerte, Aktivieren/ Deaktivieren der Berechnung, Bearbeiten der Dateibenennung, Zurücksetzen aller Berechnungswerte

3.6.2.2 Reiter BERECHNUNG

INHALT

Im Reiter **Berechnung** können Methode der Festigkeitsberechnung, Belastungen der Kegelräder, Materialwerte und die erforderliche Gebrauchsdauer definiert werden.

OPTIONEN

1) Reiter: Konstruktion oder Berechnung
2) Definition der Belastungen
3) Material festlegen
4) Gebrauchsdauer definieren
5) Ergebnisdarstellung

Konstruktion des Kegelradgetriebes

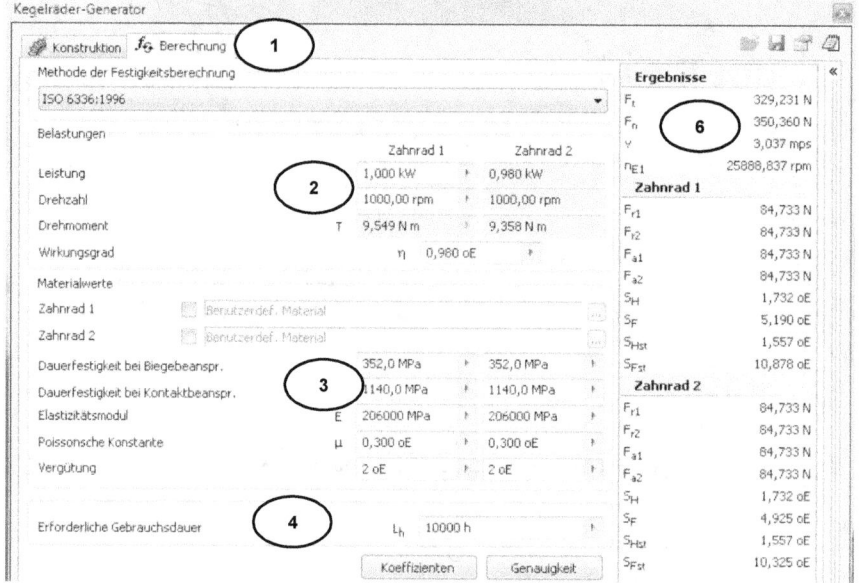

Abb. 110 Der Kegelräder-Generator (Reiter: Berechnung)

3.6.3 Konstruktion des Kegelradgetriebes

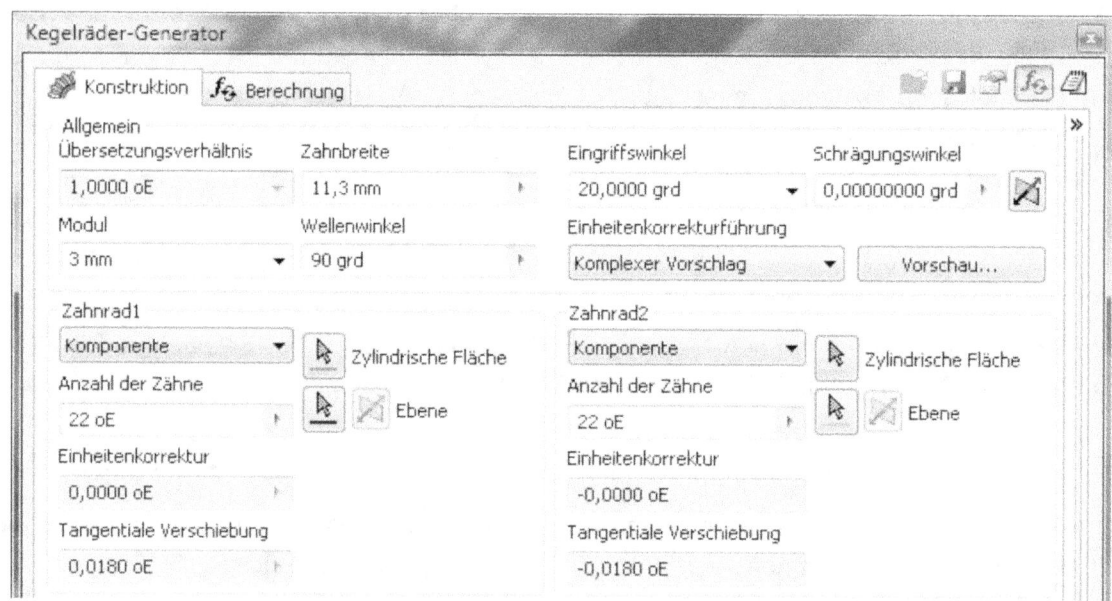

Abb. 111 Der Kegelräder-Generator (Antriebs- und Tellerrad)

Starten Sie den Befehl **Kegelrad** und übernehmen alle Werte und Einstellungen aus Abb. 111. **Berechnen** Sie die Ergebnisse und bestätigen den Befehl mit **OK**.

Konstruktion des Kegelradgetriebes

Die Positionierung eines Kegelradgetriebes, kann theoretisch bereits während des Befehls Kegelräder-Generator erfolgen. In der Praxis treten hierbei leider häufig Probleme auf. Trotz korrekter Definition der Referenzen, werden Kegelradpaare meist falsch positioniert und müssen später manuell korrigiert werden.

Um diesem Problem aus dem Weg zu gehen, platzieren wir die Kegelräder manuell.

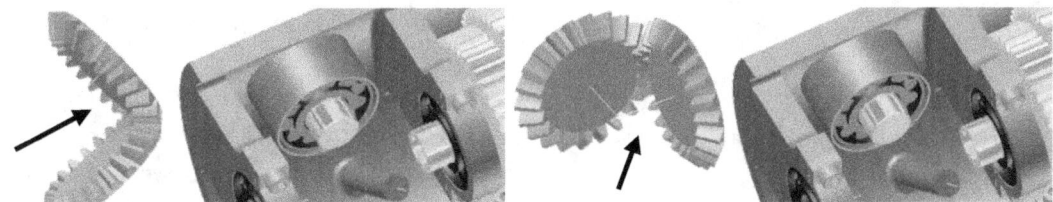

Abb. 112 (L) Kegelradpaar nach dem Einfügen in die Baugruppe; (R) Kegelradpaar nach dem Ausrichten (Drehen)

Legen Sie das Kegelradpaar frei im Zeichenbereich ab und richten dieses vorerst aus. Hierfür müssen beide Kegelräder markiert, dann die Taste **G** gedrückt und beide Kegelräder bei gedrückter linker Maustaste gedreht werden, bis die dargestellte Position erreicht wurde (Abb. 112 – R und Abb. 113). Dieser Zwischenschritt wird das Platzieren der Abhängigkeiten erleichtern.

Abb. 113 Achsen der Kegelräder auf Achsen der Wellen platzieren

Starten Sie den Befehl **Abhängig machen**. Da beide Kegelräder in Winkel und Abstand zueinander, aufgrund ihrer konstruktiven Randbedingungen festgelegt sind, müssen lediglich die Achsen der Kegelräder auf die in Abb. 113 markierten Wellen platziert werden.

Weitere Abhängigkeiten sind nicht erforderlich. Erzeugen Sie zwei **Abhängigkeiten** der beiden markierten Achsenpaare (Abb. 113).

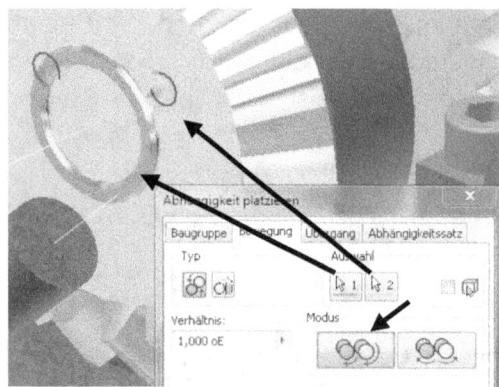

Abb. 114 Kegelrad und Abtriebswelle mit Bewegungsabhängigkeit versehen

Abb. 115 Drittes Kegelrad mit axialen und Abstandsabhängigkeiten versehen

Im Gegensatz zu den Stirnradpaaren, werden Kegelradpaare nicht automatisch als *flexibles* Bauteil eingefügt, was anschließend manuell nachgeholt werden muss.

Markieren Sie die Baugruppe **Kegelräder** im Modellbaum und wählen mit der rechten Maustaste die Option **Flexibel**.

Die Kegelräder können jetzt mit der linken Maustaste gedreht werden, müssen allerdings noch mit der Abtriebswelle fest verbunden werden.

Hierfür bitte eine weitere **Bewegungsabhängigkeit** (**Drehung**, **Vorwärts**, **Verhältnis 1:1**) zwischen dem markierten Kegelrad und der markierten schmalen Stirnseite der Abtriebswelle (Abb. 114) erzeugten. Testen Sie diese Abhängigkeit. Beide Kegelräder sollten jetzt nicht mehr beweglich sein.

Importieren Sie die Komponente **Abtrieb-Kegelrad-außen.ipt** aus dem Downloadordner und legen sie frei in der Baugruppe ab.

Zwei weitere **Abhängigkeiten** werden benötigt, um das neue Kegelrad, wie in Abb. 115 dargestellt, axial mit der Zylinderfläche des markierten Lagers und in einem Abstand von **22 mm** zur markierten Seitenfläche des Getriebes zu positionieren.

Dieses Kegelrad muss nun in die richtige Position gedreht und durch eine Bewegungsabhängigkeit, mit den beiden anderen Kegelrädern verbunden werden. Markieren Sie alle drei Kegelräder und **isolieren** diese (rechte Maustaste > Isolieren).

Wechseln Sie am **ViewCube** zur Ansicht **HINTEN**. Das zuletzt eingefügte Kegelrad muss dann mit der linken Maustaste ein wenig gedreht werden, bis dessen Zahnräder, mit denen des angrenzenden Kegelrades ineinandergreifen (Abb. 116 – L und M).

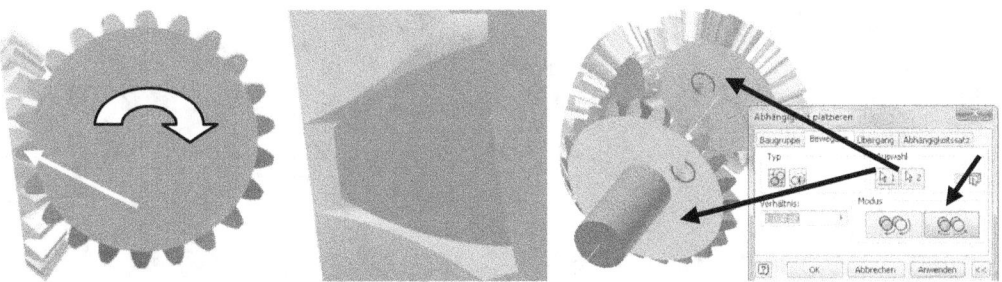

Abb. 116 (L) Kegelräder wurden isoliert; (M) Kegelrad drehen bis Zähne ineinandergreifen; (R) Neue Bewegungsabhängigkeit

Das Zahnrad darf jetzt nicht mehr bewegt werden. Eine weitere **Bewegungsabhängigkeit** (**Drehung**, **Rückwärts**, **Verhältnis 1:1**), zwischen den beiden in Abb. 116 - R markierten Flächen, verbindet die Kegelräder fest miteinander.

Alle drei Kegelräder darauf folgend markieren und mit der Farbe **Chrom** versehen. Die Isolierung danach wieder beenden (rechte Maustaste > Isolieren rückgängig) und die Baugruppe speichern.

3.7 Rollenketten erzeugen

Rollenketten werden im technischen Bereich sehr häufig verwendet, um Drehbewegungen und Kräfte sicher zu übertragen. User Übungsmotor benötigt zwei Rollenketten. Die erste soll Kraft und Drehmoment, von der Kurbelwelle auf das Getriebe übertragen. Diese Kette wird stark beansprucht und muss sehr stabil ausgeführt werden.

Die zweite Kette wird axial durch die Abtriebswelle laufen und dort den Ziehkeil transportieren. Die Verwendung einer Rollenkette, ermöglicht eine platzsparende Realisierung des Schaltapparates.

3.7.1 Befehlsgrundlagen ROLLENKETTEN-GENERATOR

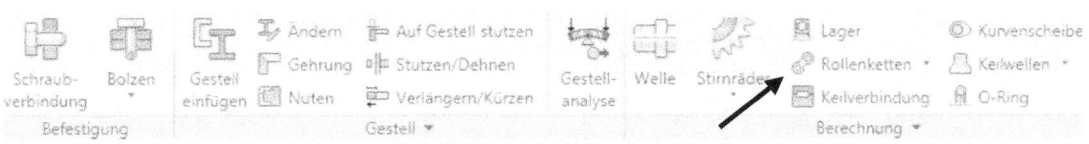

Abb. 117 Der Rollenketten-Generator

Mit dem **Rollenketten-Generator** können Kettenantriebe, bestehend aus Rollenkette, Kettenrädern und Spannrollen berechnet und konstruiert werden. Das Inhaltscenter stellt eine Auswahl an vorhandenen Rollenketten zur Verfügung. Der gesamte Kettenantrieb kann daraufhin, auf bereits vorhandene geometrische Elemente der Baugruppe platziert werden.

Rollenketten erzeugen

3.7.1.1 Reiter KONSTRUKTION

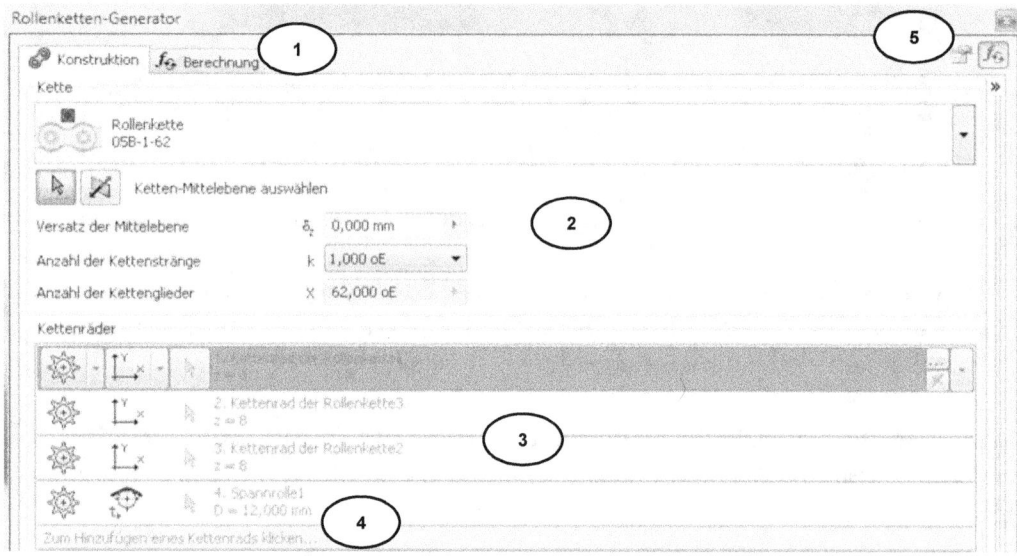

Abb. 118 Der Rollenketten-Generator (Reiter: Konstruktion)

INHALT

Im Reiter **Konstruktion** wird der Kettentyp gewählt, eine Platzierung des Kettenantriebes ermöglicht und die Kettenräder sowie Spannrollen erzeugt und bearbeitet.

OPTIONEN

---

1) Reiter: Konstruktion oder Berechnung
2) Auswahl des Kettentyps, der Kettenstränge und Platzierung des Kettenantriebes auf Geometrische Elemente der Baugruppe
3) Verwalten der vorhandenen Kettenräder und Spannrollen
4) Erzeugen neuer Kettenräder oder Spannrollen
5) Dateibenennung und Berechnung aktivieren/ deaktivieren

3.7.1.2 Reiter BERECHNUNG

INHALT

Der Reiter **Berechnung** ermöglicht die Verwaltung der Arbeitsbedingungen, Ketteneigenschaften und weiterer Randbedingungen.

Rollenketten erzeugen

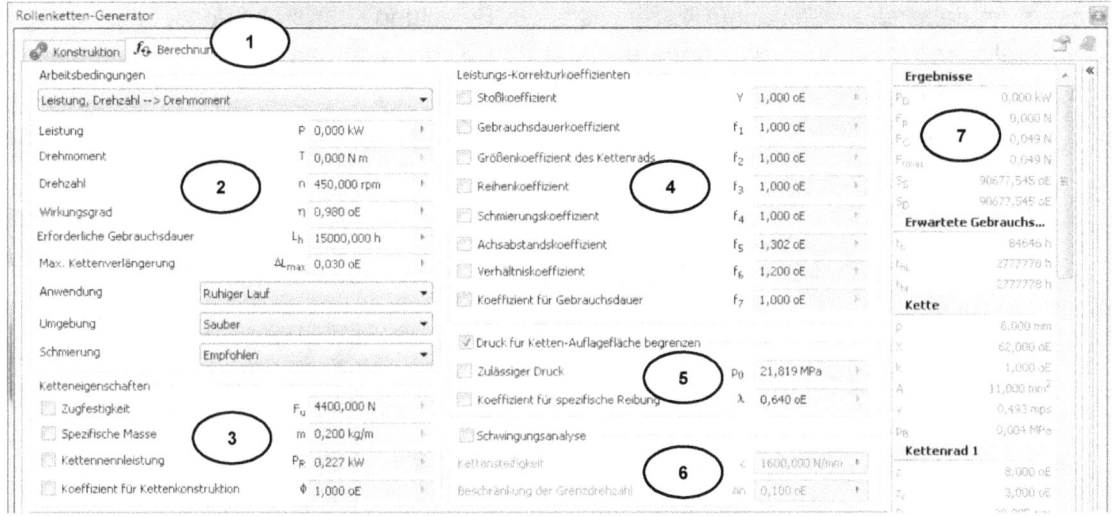

Abb. 119 Der Rollenketten-Generator (Reiter: Berechnung)

OPTIONEN

1) Reiter: Konstruktion oder Berechnung
2) Auswahl des Berechnungstyps und Eingabe der Arbeitsbedingungen
3) Definition der Ketteneigenschaften
4) Leistung-Korrekturkoeffizienten
5) Druck für Ketten-Auflagefläche begrenzen
6) Schwingungsanalyse aktivieren
7) Ergebnisberechnung

3.7.2 Konstruktion der Antriebskette

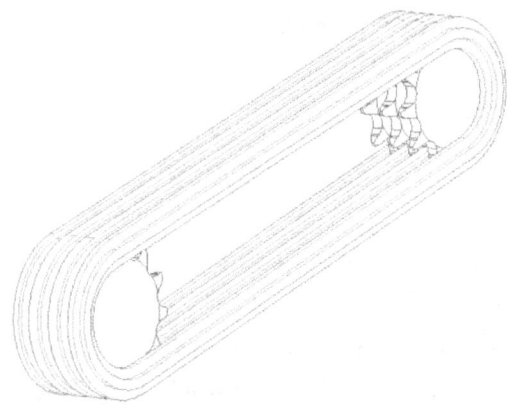

Abb. 120 Schematische Darstellung einer Rollenkette mit zwei Kettenrädern

Ein Kettenantrieb über Rollenketten besteht aus Rollenkette (1), Kettenrädern und eventuell einem Kettenspanner. Ähnlich wie bei einem Zahnriemen erfordert auch der Kettenantrieb eine konstante Spannung der Kette, da auch hier ein Rutschen der Kette über die Kettenräder verhindert werden.

Auch eine Rollenkette verändert mit der Zeit (begünstigt durch hohe Temperaturen und Zugkräfte) seine geometrischen Formen und längt sich etwas. Die Auswirkungen dieser Änderungen halten sich in Grenzen und sind stark abhängig von der Belastung der Kette.

Rollenketten erzeugen

Unsere Antriebskette muss aufgrund ihrer starken Belastung sehr stabil ausgeführt werden. Dies realisieren wir durch eine höhere Anzahl an Kettensträngen. Ein Kettenspanner ist aufgrund der stabilen Konstruktion nicht erforderlich.

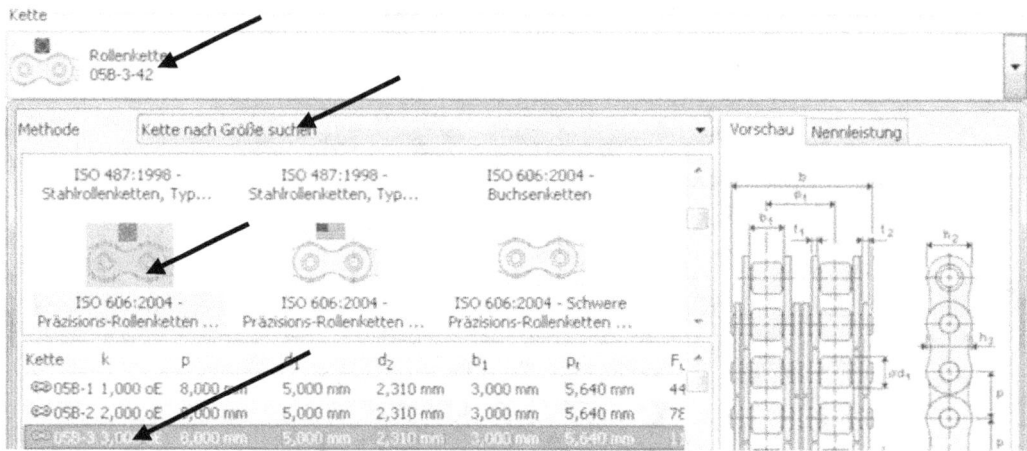

Abb. 121 Der Rollenketten-Generator (Reiter: Konstruktion)

Starten Sie den Befehl *Rollenketten* und klicken auf das *Kettensymbol*, um den passenden Kettentyp auszuwählen. Im neu geöffneten Auswahlfenster, muss die Methode *Kette nach Größe suchen* eingestellt werden und der Kettentyp *ISO 606:2004 – Präzisions- Rollenketten mit kurzer Teilung (EU)* ausgewählt werden.

In der Tabelle darunter, aktivieren Sie die dritte Zeile und verlassen das Fenster durch *bestätigen* der Auswahl (Abb. 121).

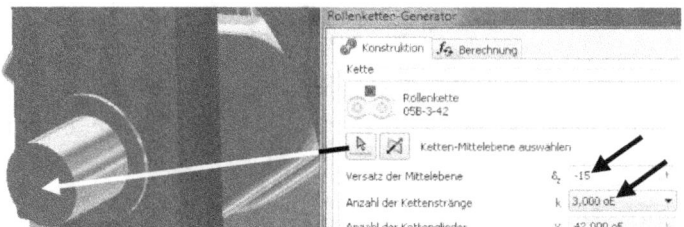

Abb. 122 Ketten-Mittelebene, Versatz und Anzahl der Kettenstränge wählen

Nach der Auswahl des passenden Kettentyps, kann die *Ketten-Mittelebene* definiert werden. Hierfür ist die in Abb. 122 markierte Seitenfläche der Kurbelwelle zu wählen. Im Eingabefeld *Versatz der Mittelebene* muss der Wert *-15* eingetragen.

Im Eingabefeld *Anzahl der Kettenstränge* sollte der Wert *3* bereits eingestellt sein. Die Anzahl der Kettenglieder wird vom Programm selbst berechnet.

Rollenketten erzeugen

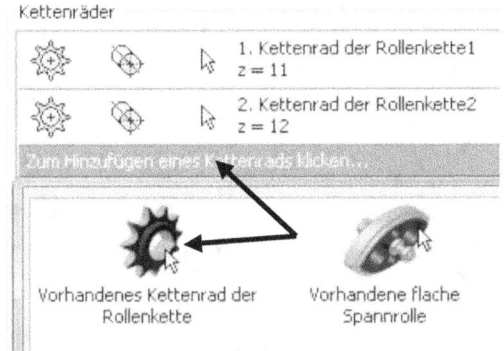

Abb. 123 Alle Kettenräder bis auf zwei Kettenräder löschen

Wechseln Sie in den Bereich **Kettenräder**. Je nach Voreinstellung Ihres Programms, sind in der Liste unterschiedlich viele Kettenräder voreingestellt.

Klicken Sie auf die Schaltfläche **Zum Hinzufügen eines Kettenrades klicken...** und erzeugen ein neues Element **Vorhandenes Kettenrad der Rollenkette** (Abb. 124).

Abb. 124 Hinzufügen zweier neuer Kettenräder

Danach können alle restlichen Zeilen (außer der ersten und der zuletzt erzeugten Zeile) ✘ **gelöscht** werden (✘ **Löschen** erscheint rechts in der Zeile, sobald diese angeklickt wurde).

Es ist wichtig, dass es zwei **Kettenräder der Rollenkette** sind, welche übrig bleiben (keine **Spannrollen** oder **Kettenräder der Rollen**). Diese beiden Kettenräder sollen als Nächstes konfiguriert werden.

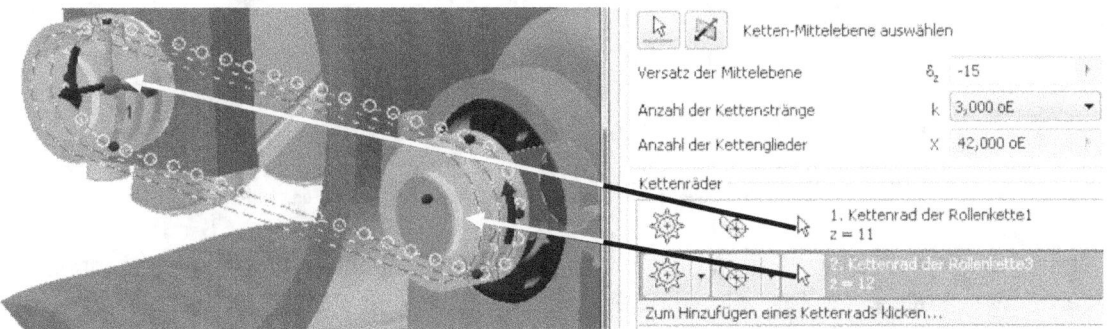

Abb. 125 Zuweisen der zylindrischen Flächen (Kurbelwelle, Kupplung) als Referenzen für die beiden Kettenräder

Jedes Kettenrad stellt eine eigene Zeile zur Verfügung, in welcher dieses bearbeitet werden kann. Starten Sie mit der ersten Zeile, also dem ersten Kettenrad. Ganz links finden Sie die Option ✲ **Kettenrad-Geometrieoption**. Hier muss die Auswahl ✲ **Komponente** aktiviert werden (Abb. 126 - L).

Rollenketten erzeugen

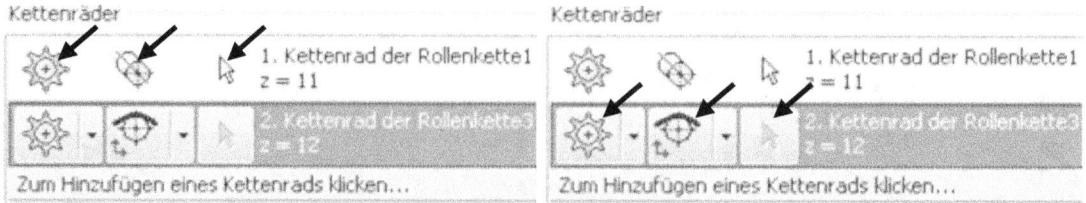

Abb. 126 (L) Einstellungen erstes Kettenrad; (R) Einstellungen zweites Kettenrad

Rechts daneben befindet sich die Option **Führung der Kettenradposition**. Dort bitte die Auswahl **Feste Position über ausgewählte Geometrie** aktivieren. Als geometrische **Referenz**, soll für das erste Kettenrad die markierte **Zylinderfläche** der **Kurbelwelle** (Abb .125) dienen.

Für das *zweite Kettenrad* (zweite Zeile) können die beiden ersten Einstellungen vorerst übernommen werden (,). Weisen Sie diesem Kettenrad als **Referenz**, die in Abb. 125 markierte **Zylinderfläche** der **Kupplung** zu.

Nachdem die korrekte Position des zweiten Kettenrades (Kupplung) gefunden und das Kettenrad darauf verschoben wurde, muss die **Führung der Kettenradposition** geändert und die Option **Frei verschiebbare Position** gewählt werden (Abb. 162 - R).

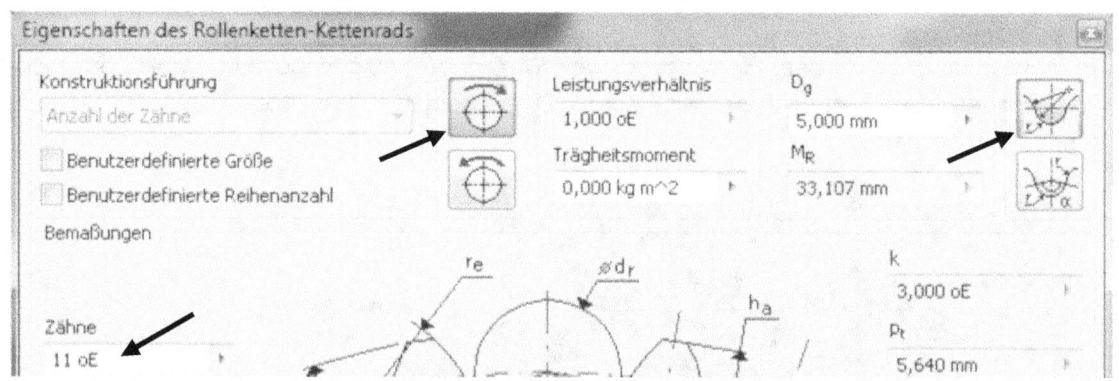

Abb. 127 Eigenschaften des ersten Kettenrades bearbeiten

Starten Sie die **Bearbeitung** des ersten Kettenrades (Befehl befindet sich ebenfalls auf der rechten Seite einer Zeile, sobald diese aktiviert wurde) und übernehmen alle Werte und Einstellungen aus Abb. 127.

Das Fenster, kann im Anschluss mit **OK** bestätigt, dann mit der **Bearbeitung** des zweiten Kettenrades begonnen werden.

Rollenketten erzeugen

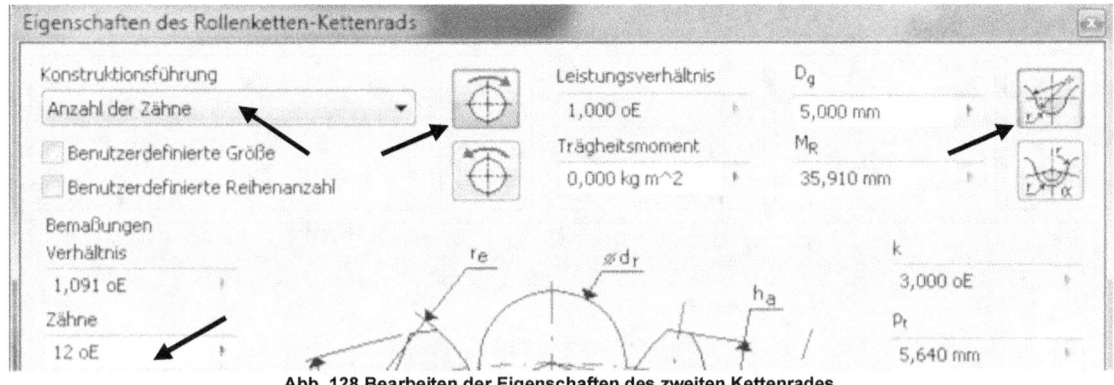

Abb. 128 Bearbeiten der Eigenschaften des zweiten Kettenrades

Auch hier alle Werte und Einstellungen, wie in Abb. 128 dargestellt übernehmen und das Fenster mit OK bestätigen.

Wechseln Sie in den Reiter f_G Berechnung **Berechnung**, starten dort mit der Berechnen **Berechnung** und bestätigen den Befehl mit OK. Die Baugruppe danach speichern.

3.7.3 Kettenantrieb mit Bewegungsabhängigkeiten versehen

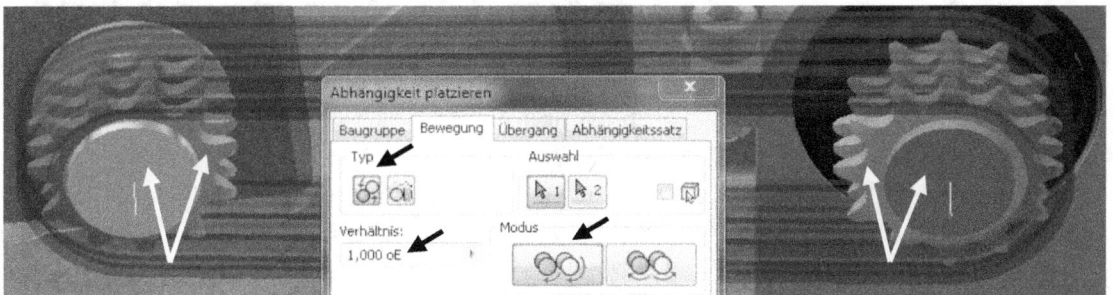

Abb. 129 Beide Kettenräder mit den angrenzenden Komponenten (Kurbelwelle, Kupplung) durch Abhängigkeiten verbinden

Der Kettenantrieb zwischen Kurbelwelle und Getriebe muss im nächsten Schritt als **Flexibel** definiert werden (rechte Maustaste > Flexibel). Um eine Verbindung zwischen Kettenantrieb und Kurbelwelle/ Kupplung zu erreichen, zwei weitere **Bewegungsabhängigkeiten** (**Drehung**, **Vorwärts**, **Verhältnis 1:1**) zwischen der Kurbelwelle und dem Kettenrad der Kurbelwelle sowie der Kupplung und dem Kettenrad der Kupplung, erzeugt werden (Abb. 129).

Wenn beide Bewegungsabhängigkeiten richtig gesetzt wurden, dürften sich weder Kurbelwelle, noch eine der Komponenten aus dem Getriebe manuell bewegen lassen.

Rollenketten erzeugen

3.7.4 Animation des 4-Takt-Motors

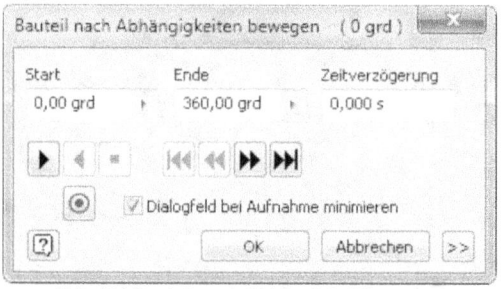
Abb. 131 Bauteil nach Abhängigkeit bewegen

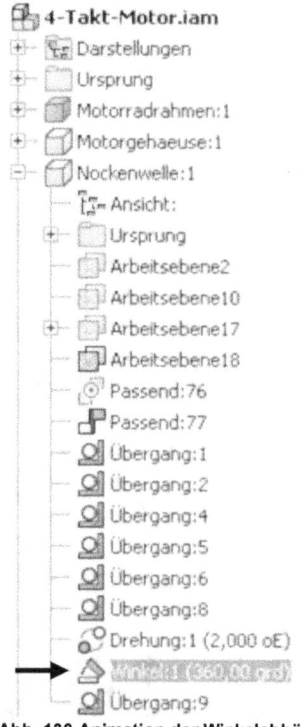
Abb. 130 Animation der Winkelabhängigkeit

Die Nockenwelle wurde mit einer Winkelabhängigkeit versehen, welche den Freiheitsgrad der Drehbewegung des gesamten Kurbeltriebes unterdrückt.

Diese Abhängigkeit soll in der nächsten Übung verwendet werden, um Kurbeltrieb und Getriebe zu animieren.

Klappen Sie im Modellbaum das Bauteil **Nockenwelle:1** auf, markieren Sie die Winkelabhängigkeit **Winkel:1** (Abb. 130) mit der linken Maustaste und wählen mit der rechten Maustaste, die Option **Bauteil nach Abhängigkeit bewegen**.

Im neu geöffneten Eingabefenster (Abb. 131), sind alle Werte und Einstellungen zu übernehmen und die Animation, mit der Taste ▶ **Vorwärts** zu starten (alternativ ◀ **Rückwärts**).

Der gesamte Kurbeltrieb und alle Komponenten des Getriebes, sollten sich analog der festgelegten Abhängigkeiten bewegen. Sollte dies nicht der Fall sein, überprüfen Sie bitte noch einmal alle gesetzten Abhängigkeiten des Getriebes.

3.7.5 Konstruktion der Rollenkette für die Gangschaltung

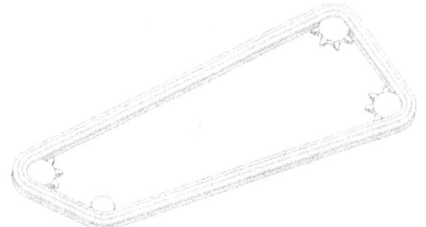
Abb. 132 Schematische Darstellung der Rollenkette für die Gangschaltung

Die Konstruktion der Rollenkette für die Gangschaltung, ist etwas aufwändiger. Zwar wird diese Rollenkette, aufgrund ihrer geringen Belastung weitaus filigraner ausfallen (nur ein Kettenstrang), dennoch müssen mehr als zwei Kettenräder, als bei der Antriebskette verwendet werden.

Rollenketten erzeugen

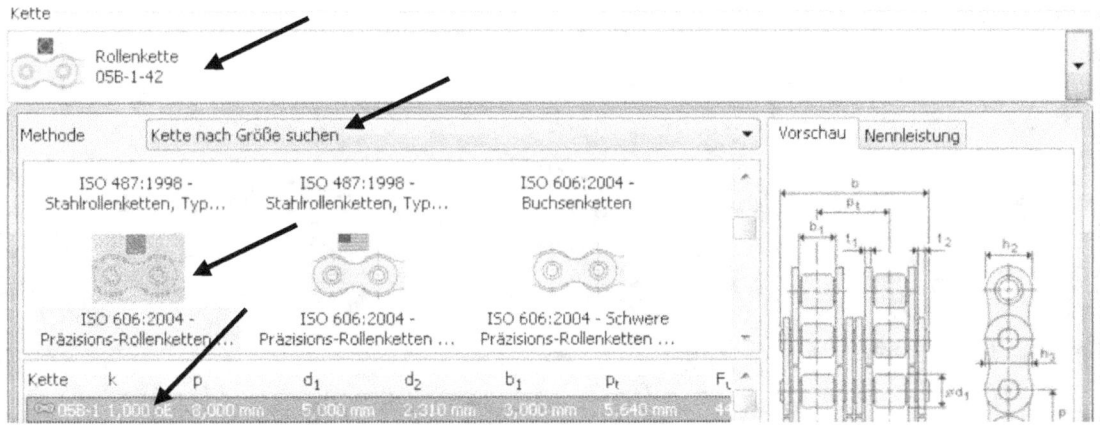

Abb. 133 Auswahl des Kettentyps

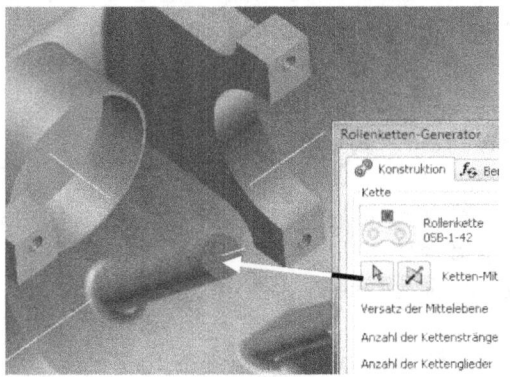

Abb. 134 Auswahl der Ketten-Mittelebene

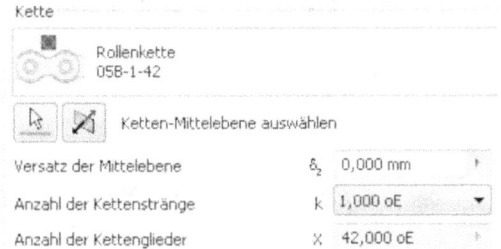

Abb. 135 Versatz der Mittelebene und Anzahl der Kettenstränge definieren

Die Rollenkette, verläuft axial durch den Innenraum der Abtriebswelle und muss danach ausreichendem Abstand um alle Getriebekomponenten geführt werden. Also benötigen wir neben der Rollenkette drei Kettenräder und eine Spannrolle.

Starten Sie den Befehl *Rollenketten* und klicken auf das *Kettensymbol*, um den passenden Kettentyp auszuwählen. Im neu geöffneten Auswahlfenster, die Methode *Kette nach Größe suchen* einstellen und den Kettentyp *ISO 606:2004 – Präzisions-Rollenketten mit kurzer Teilung (EU)* wählen.

In der Tabelle darunter kann die *erste Zeile* aktiviert und das Fenster durch *bestätigen* beendet werden (Abb. 133).

Für den *Versatz der Mittelebene,* verwenden wir den *Wert 0*. Die *Anzahl der Kettenstränge,* soll *1* betragen (Abb. 135).

Im Bereich der *Kettenräder*, sollten bereits zwei *Kettenräder der Rollenkette* vordefiniert sein. Wir benötigen zwei weitere Elemente.

Rollenketten erzeugen

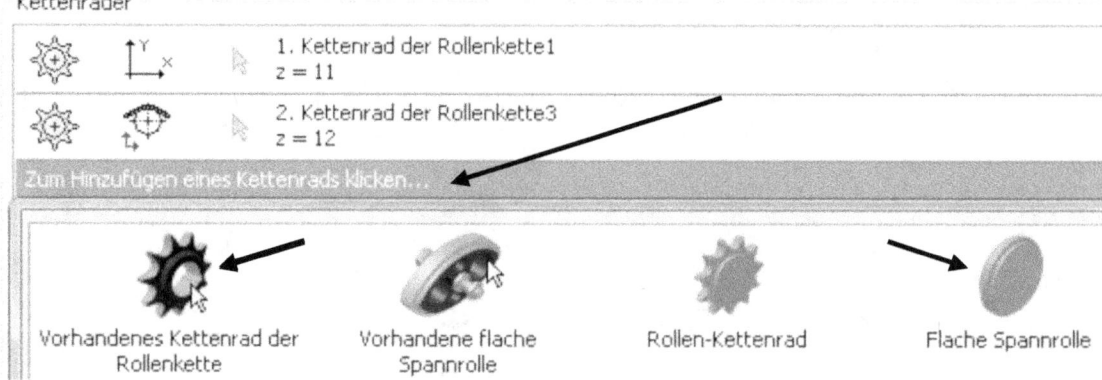

Abb. 136 Hinzufügen von zwei neuen Kettenrädern und einer Spannrolle

Abb. 137 Zuordnen der Optionen

Klicken Sie auf die Schaltfläche **Zum Hinzufügen eines Kettenrades klicken...** und erzeugen ein neues **Vorhandenes Kettenrad der Rollenkette** sowie ein neues Element **Flache Spannrolle**.

Insgesamt sollten dann also vier Elemente (3 x Kettenrad der Rollenkette, 1 x Spannrolle) vorhanden sein.

Für alle vier Elemente, kann zunächst die Option **Komponente** festgelegt werden. Die drei Kettenräder danach mit der Option **Feste Position über ausgewählte Geometrie** und die Spannrolle mit der Option **Richtungsbestimmte verschiebbare Position** versehen.

Orientieren Sie sich an Abb. 137.

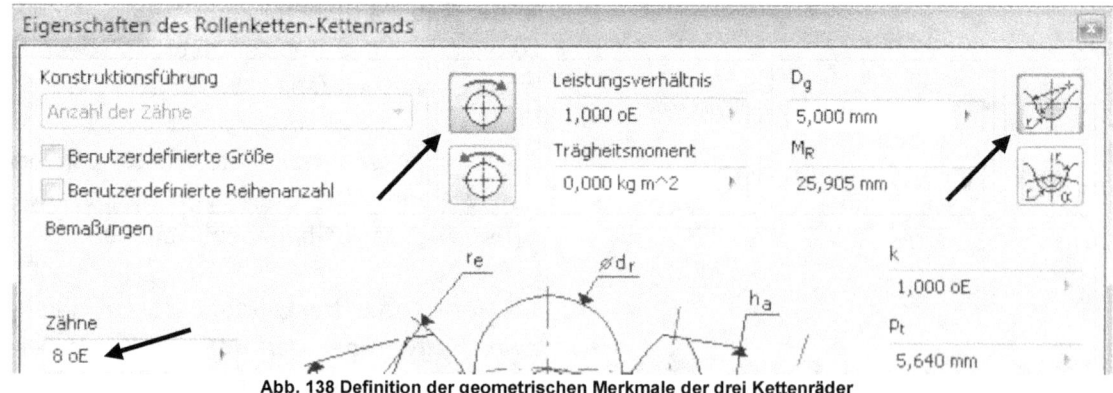

Abb. 138 Definition der geometrischen Merkmale der drei Kettenräder

Bevor die Kettenelemente ihren geometrischen Referenzen zugeordnet werden, sollten **Anzahl der Zähne** (Kettenräder) und **Durchmesser** (Spannrolle) definiert werden.

Starten Sie die ... **Bearbeitung** des ersten Kettenrades und übernehmen alle Werte und Einstellungen aus Abb. 138. Bearbeiten Sie anschließend die beiden anderen Kettenräder. Auch hier sind die Werte und Einstellungen aus Abb. 138 zu übernehmen.

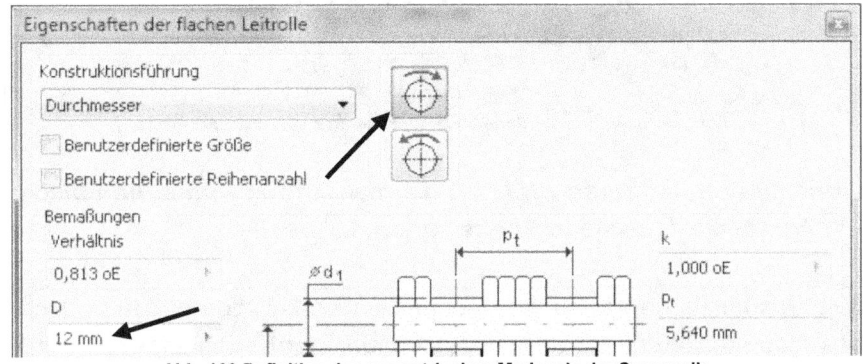

Abb. 139 Definition der geometrischen Merkmale der Spannrolle

Im Anschluss kann die ... **Bearbeitung** der Spannrolle gestartet werden. Hier sind lediglich Konstruktionsführung **Durchmesser**, Bewegung **Im Uhrzeigersinn** und der Durchmesser **D = 12 mm** einzustellen (Abb.139).

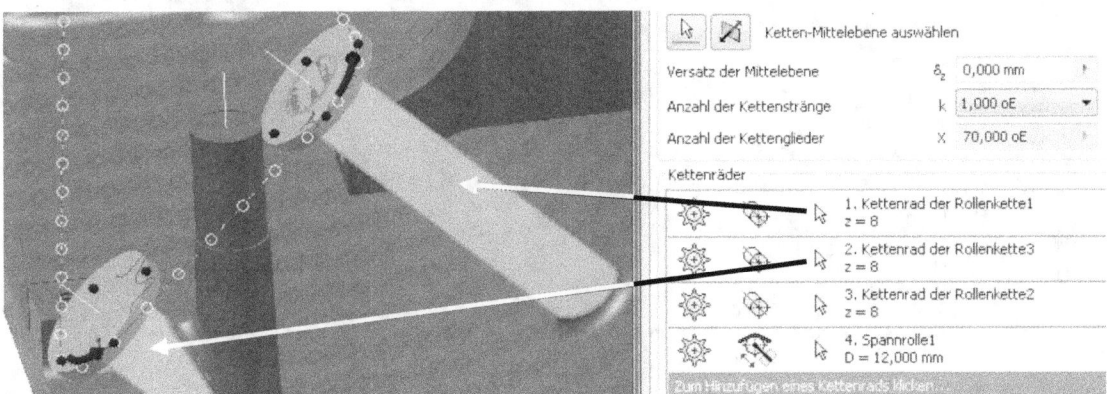

Abb. 140 Definition der Referenzen für Kettenrad eins und zwei

Jetzt können die **Referenzen** zur Positionierung der einzelnen Elemente festgelegt werden. Verwenden Sie die in Abb. 140 markierten **zylindrischen Flächen** des Motorgehäuses.

Rollenketten erzeugen

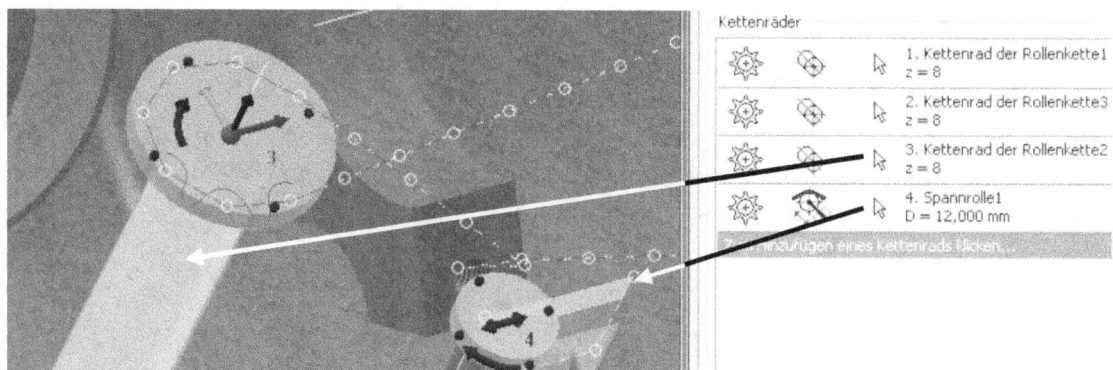

Abb. 141 Definition der Referenzen für Kettenrad drei und Spannrolle

Als **Referenz** für das **Kettenrad drei**, soll die markierte **zylindrische Fläche** (Abb. 141) und für die **Spannrolle** die markierte **Ebene** verwendet werden.

> **HINWEIS**: Die Spannrolle erfordert eine Ebene/ Fläche als Referenz, da sie sich frei auf der Referenz bewegen muss. Eine fehlerfreie Berechnung der Kettenlänge, ist sonst nicht möglich.

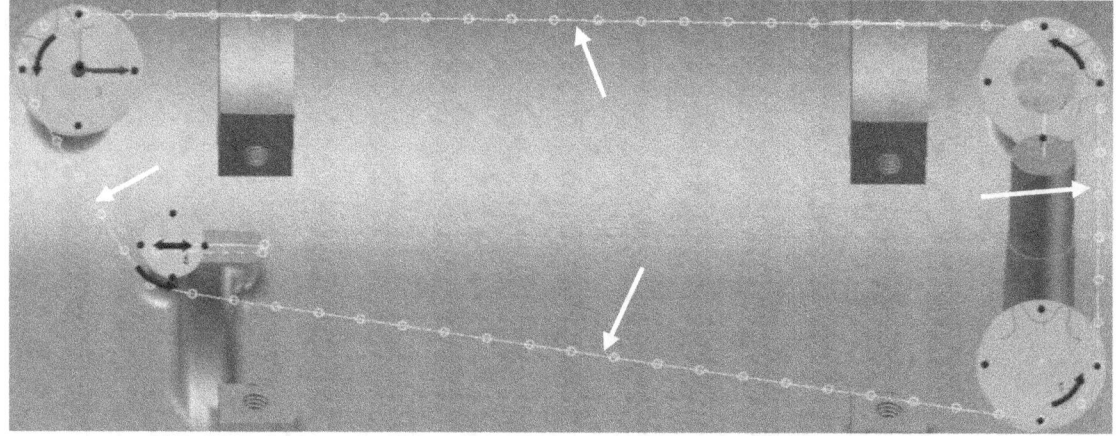

Abb. 142 Drehrichtung der Pfeile geändert, Kette (markiert) verläuft außen um die Kettenräder

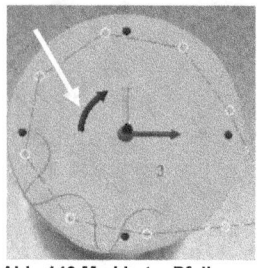

Abb. 143 Markierter Pfeil

Sobald alle Referenzen festgelegt wurden, muss die Kette in ihrem Verlauf angepasst werden, da diese jetzt noch ungeordnet entlang der Kettenräder und Spannrolle verläuft (Abb. 141).

Jedes der vier Elemente (3 x Kettenrad, 1 x Spannrolle), besitzt optische Steuerelemente (Punkte, Pfeile), an denen das einzelne Element, parallel zu den Bearbeitungsoptionen des Befehlsfensters, manuell bearbeitet werden kann.

Klicken Sie auf die gekrümmten ![arrow] *Pfeile* eines Elementes (Abb. 143), um die Drehrichtung der Kette an dieser Position zu ändern. Ändern Sie die Drehrichtung der Kette an jedem Element, bis die Lage der Kette bei Ihnen, so wie in Abb. 142 dargestellt, erreicht wurde. Die Kette muss um jedes Element außen herum geführt werden.

Sobald die Kette in die richtige Position gebracht wurde, kann in den Reiter f_G Berechnung **Berechnung** gewechselt, die korrekte Kettenlänge Berechnen **berechnet** und der Befehl mit OK **OK** bestätigt werden.

Definieren Sie den neuen Kettenantrieb im Modellbaum als **Flexibel** (rechte Maustaste > Flexibel) und speichern die Baugruppe.

3.7.6 Kettenschaltung mit Schalthebel und Kegelradpaar versehen

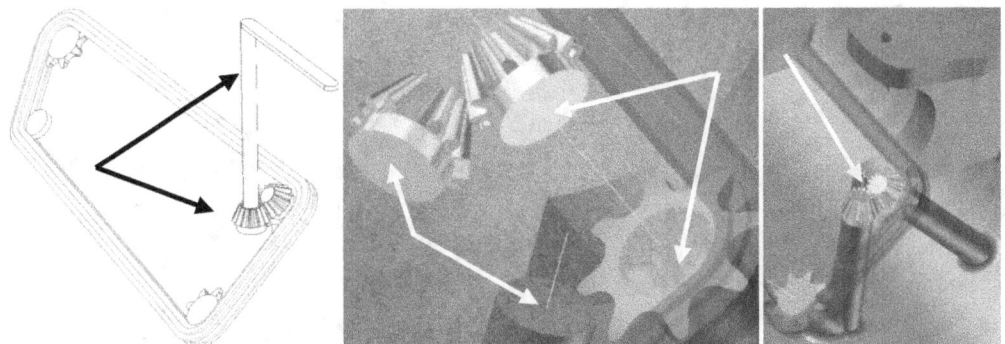

Abb. 144 (L) Schematische Darstellung; (M) Kegelräder mit Abhängigkeiten versehen; (R) Kegelräder positioniert

Rollenkette samt Kettenräder und Spannrolle wurden erzeugt und können bereits manuell bewegt werden. Um die Kette von außen bewegen zu können, müssen weitere Bauteile in die Baugruppe importiert werden.

Markieren Sie im Modellbaum das **Motorgehäuse** und den zuletzt erzeugten **Kettenantrieb** und isolieren diese (rechte Maustaste > Isolieren). **Platzieren** Sie aus dem Downloadordner die Komponente **Ganghebel.ipt** einmal und die Komponente **Gangschaltung-Kegelrad.ipt** zweimal in der Baugruppe.

Die Kegelräder sollen jetzt mit **Abhängigkeiten** versehen werden, um sie axial und planar auf die in Abb. 144 - M markierten Flächen und Achsen zu setzen. Im Ergebnis sollte es dann wie in Abb. 144 – R dargestellt aussehen.

Beide Kegelräder müssen fest auf den Stirnflächen der Zylinder sitzen, aber noch gedreht werden können.

Abb. 145 (L) Ganghebel + Kegelrad axial verbinden; (M) Ganghebel + Kegelrad planar verbinden; (R) Kegelräder ausrichten

Den Ganghebel ebenfalls, wie in Abb. 145 – L und M dargestellt, mit **Abhängigkeiten** (Achse/ Achse, Fläche/ Fläche) versehen und auf dem markierten Kegelrad platzieren (Abb. 145 - M). Die Kegelräder müssen jetzt so gedreht werden, dass die Zähne nahtlos ineinandergreifen (Abb. 145 - R). Sobald alle Komponenten auf der korrekten Position sitzen, müssen weitere Bewegungsabhängigkeiten gesetzt werden, um die Kettenschaltung durch Drehen des Ganghebels bewegen zu können.

 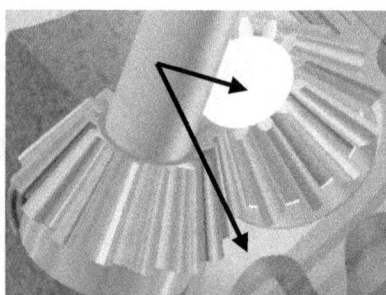 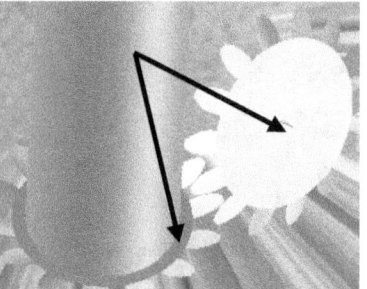

Abb. 146 Abhängigkeiten setzen zwischen: (L) Ganghebel + Kegelrad; (M) Kegelrad + Kettenrad; (R) Kegelrad + Kegelrad

Setzen Sie drei **Bewegungsabhängigkeiten** zwischen:

1) Ganghebel und Kegelrad (**Drehung**, **Vorwärts**, **Verhältnis 1:1**, Abb. 146 – L)
2) Kegelrad und Kettenrad (**Drehung**, **Vorwärts**, **Verhältnis 1:1**, Abb. 146 – M)
3) Kegelrad und Kegelrad (**Drehung**, **Rückwärts**, **Verhältnis 1:1**, Abb. 146 – R)

Verwenden Sie die in Abb. 146 markierten Flächen. Nachdem alle Bewegungsabhängigkeiten erzeugt worden sind, können Sie mit gedrückter linker Maustaste den äußeren Bereich des Ganghebels bewegen, die Kettenräder der Rollenkette sollten sich analog dazu bewegen. Sollte dies nicht der Fall sein, prüfen Sie noch einmal die korrekten Einstellungen, der zuletzt gesetzten Bewegungsabhängigkeiten.

Konstruktion einer Keilwellenverbindung

Abb. 147 Neuen Ordner erzeugen

Die vier letzten Komponenten im Modellbaum (Kettenantrieb, Ganghebel, Kegelrad eins und zwei), bitte anschließend markierten (Abb. 147) und in einem neuen Ordner **Gangschaltung** zusammenfassen. Die isolierte Ansicht dann wieder deaktivieren (Isolieren rückgängig) und die Baugruppe speichern.

3.8 Konstruktion einer Keilwellenverbindung

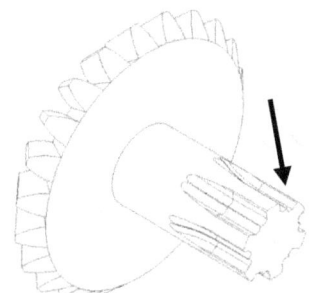

Abb. 148 Schematische Darstellung der Keilwellen am Wellenende des dritten Kegelrades

Der Wellenabschnitt des Kegelradgetriebes, welcher aus dem Getriebe führt und hier Drehzahl/ Drehmoment auf das Hinterrad überträgt, soll in der folgenden Übung mit einer Keilwellenverbindung versehen werden.

Keilwellen-Verbindungen finden häufig Wellenverbindungen Verwendung, an denen stoßartige Drehmomentbelastungen auftreten können. Das Drehmoment wird hierbei auf die einzelnen Keilwellenflächen verteilt, was den Verschleiß deutlich mindert.

3.8.1 Befehlsgrundlagen KEILWELLEN-GENERATOR

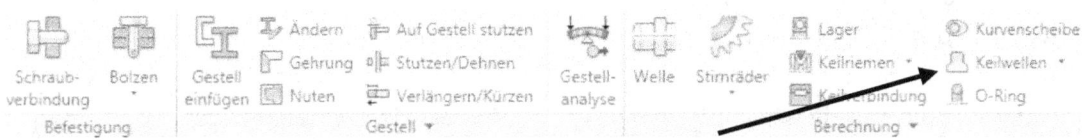

Abb. 149 Der Keilwellen-Generator

Der **Keilwellen-Generator** ermöglicht die konstruktive Veränderung von Welle-Nabe-Verbindungen durch Hinzufügen einer Keilwellen-Verbindung.

3.8.1.1 Reiter KONSTRUKTION

INHALT

Im Reiter **Konstruktion** wird der Keilwellen-Typ festgelegt, die geometrischen Abmessungen definiert und Referenzen definiert.

Konstruktion einer Keilwellenverbindung

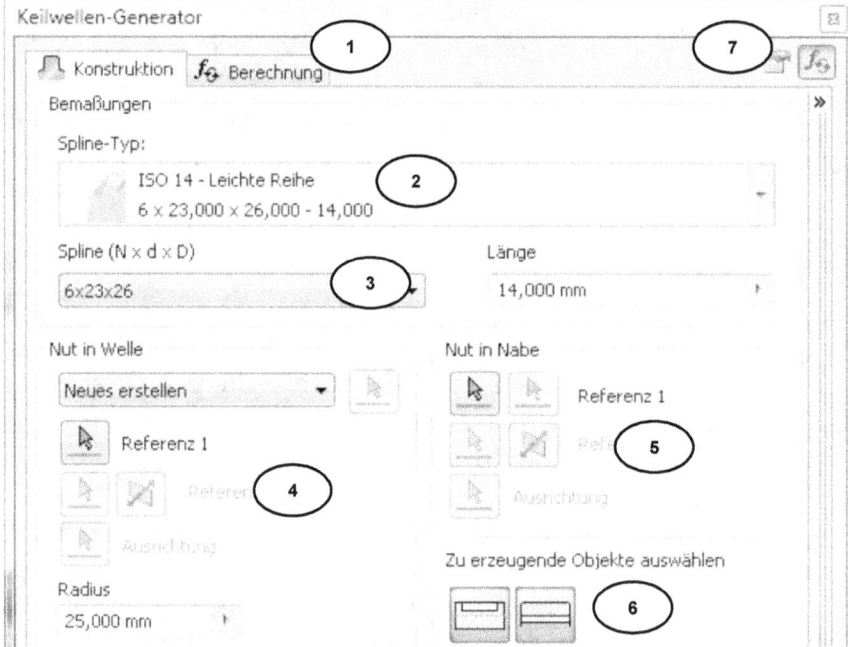

Abb. 150 Der Keilwellen-Generator (Reiter: Konstruktion)

OPTIONEN

1) Reiter: Konstruktion oder Berechnung
2) Auswahl des Keilwellen-Typs
3) Abmessungen der Keilwellen
4) Referenzen für Welle wählen
5) Referenzen für Nabe wählen
6) Option Welle und Nabe oder nur eines der beiden
7) Dateibenennung und Berechnung aktivieren/ deaktivieren

3.8.1.2 Reiter BERECHNUNG

INHALT

Der Reiter **Berechnung** ermöglicht die Auswahl der Festigkeitsberechnung, eine Definition der Belastungen, Bemaßungen, Verbindungseigenschaften und Materialien von Welle und Nabe.

OPTIONEN

1) Reiter: Konstruktion oder Berechnung
2) Typ der Festigkeitsberechnung
3) Belastungen definieren
4) Bemaßungen definieren
5) Verbindungseigenschaften
6) Material der Welle
7) Material der Nabe
8) Berechnungsergebnisse

Konstruktion einer Keilwellenverbindung

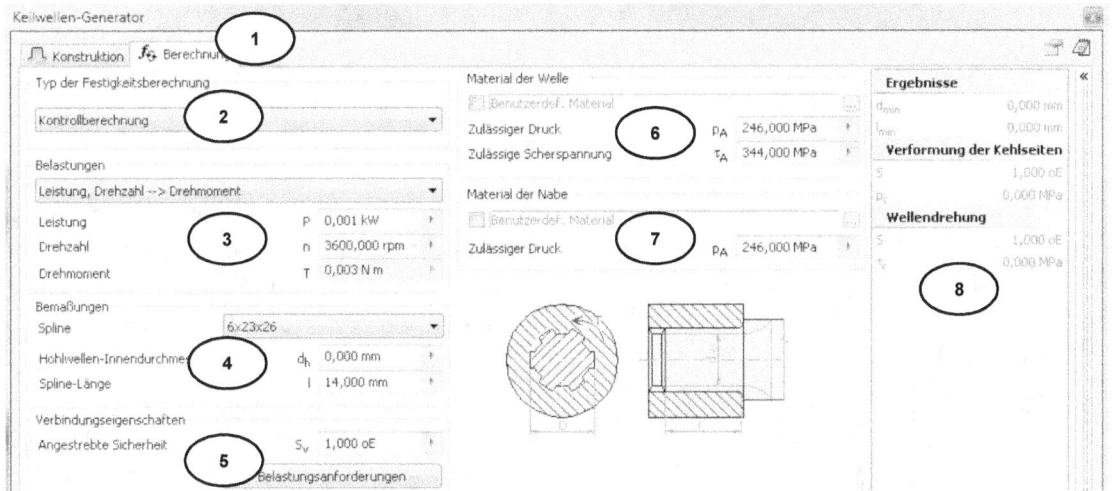

Abb. 151 Der Keilwellen-Generator (Reiter: Berechnung)

3.8.2 Erzeugen einer Keilwellenverbindung an der Getriebeausgangswelle

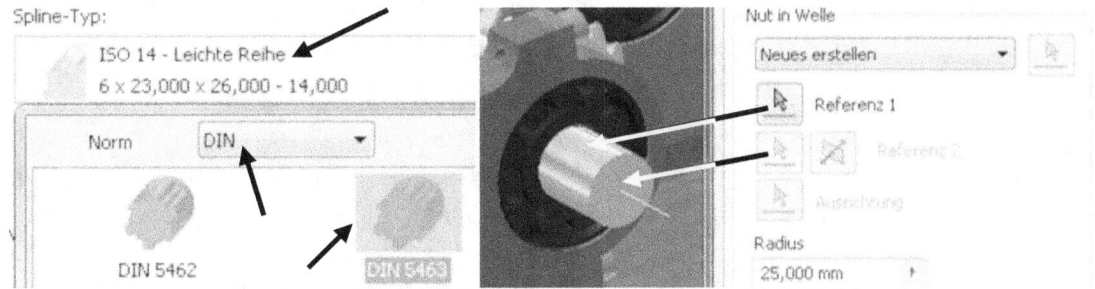

Abb. 152 (L) Wellen-Typ wählen; (R) Referenzen definieren (Nut in Welle)

Starten Sie den Befehl *Keilwellen*. Im ersten Schritt, soll im Auswahlfeld **Bemaßungen** der Typ gewählt werden. Hierfür auf das Auswahlfeld klicken, Norm **DIN** sowie Typ **DIN 5463** wählen (Abb. 152 – L).

In unserer Übung, soll die Welle des dritten Kegelrades mit Keilwellen-Nuten versehen werden. Als **Referenz1** wählen Sie die in Abb. 152 - R markierte **Zylinderfläche** des Kegelrades, als **Referenz2** die markierte **Stirnfläche**. Referenzen müssen lediglich im Bereich **Nut in Welle** gewählt werden, da kein Gegenstück (Nabe) vorhanden ist. Sollten Sie in einer eigenen Übung eine vollständige Welle-Nabe-Verbindung mit Keilwellen-Nuten versehen wollen, müssen dann auch Referenzen im Feld **Nut in Nabe** festgelegt werden.

Für das Auswahlfeld **Spline**, ist die Größe **6 x 16 x 20** mit einer **Länge** von **10 mm** zu wählen (Abb. 153 - L). Da in unserem Beispiel keine Nabe vorhanden ist, muss im Auswahlfeld **Zu erzeugende Objekte auswählen** die Option **Nut in Nabe** (rechte Option) deaktiviert werden (Abb. 153 - R).

Spline (N x d x D)   Länge   Zu erzeugende Objekte auswählen

6x16x20   10,000 mm

Abb. 153 (L) Abmessungen der Keilwellen festlegen; (R) Deaktivieren der Option Nut in Nabe

Anschließend kann im Reiter f_Θ Berechnung **Berechnung** die Berechnen **Berechnung** gestartet und der Befehl mit OK **OK** bestätigt werden. Die Baugruppe danach speichern.

Die Arbeiten am Getriebe können damit abgeschlossen werden. Im letzten Bereich dieses Buches, sollen einige Übungen der Befehlsgruppe **Gestell** durchgeführt werden. Wir werden einen zum Motor passenden Rahmen erzeugen und bearbeiten.

Abb. 154 Keilwellen-Nuten wurden erzeugt

3.9 Konstruktion von Rahmen und Reifen

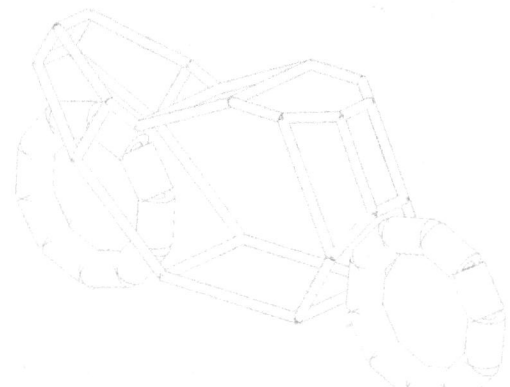

Um Gestelle in einer Baugruppe platzieren zu können, muss das Inhaltscenter installiert sein. Hier werden alle notwendigen Daten geladen, welche zur Erzeugung der Rahmengebilde notwendig sind.

Zum anderen müssen in der Baugruppe Referenzobjekte vorhanden sein. Hier können Kanten eines Volumenkörpers oder Punkte verwendet werden. Für unser Übungsbeispiel, soll ein Volumenkörper als Referenzobjekt dienen.

Abb. 155 Schematische Darstellung des Rahmens

Unsere Baugruppe enthält eine weitere Komponente, welche während der bisherigen Bearbeitung nicht sichtbar war. Aktivieren Sie im Modellbaum die Sichtbarkeit der Komponente **Motorradrahmen** (rechte Maustaste > Sichtbarkeit). Diese Komponente enthält drei Volumenkörper. Einen größeren, dessen Kanten als Referenz für den Motorradrahmen dienen sollen und zwei kleinere, deren Kanten als Referenzen für die Reifen dienen werden.

Konstruktion von Rahmen und Reifen

3.9.1 Befehlsgrundlagen GESTELL-GENERATOR

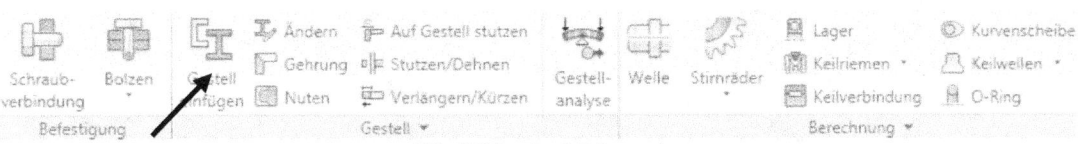

Abb. 156 Der Gestell-Generator

Mit dem *Gestell-Generator* können Profilelemente aus dem Inhaltscenter in die Baugruppe importiert werden. Als Referenzen zur Erzeugung der Elemente dienen Punkte oder Kanten von Volumenkörpern. Die Profile können im Anschluss, durch weitere Befehle der Befehlsgruppe *Gestell* bearbeitet werden.

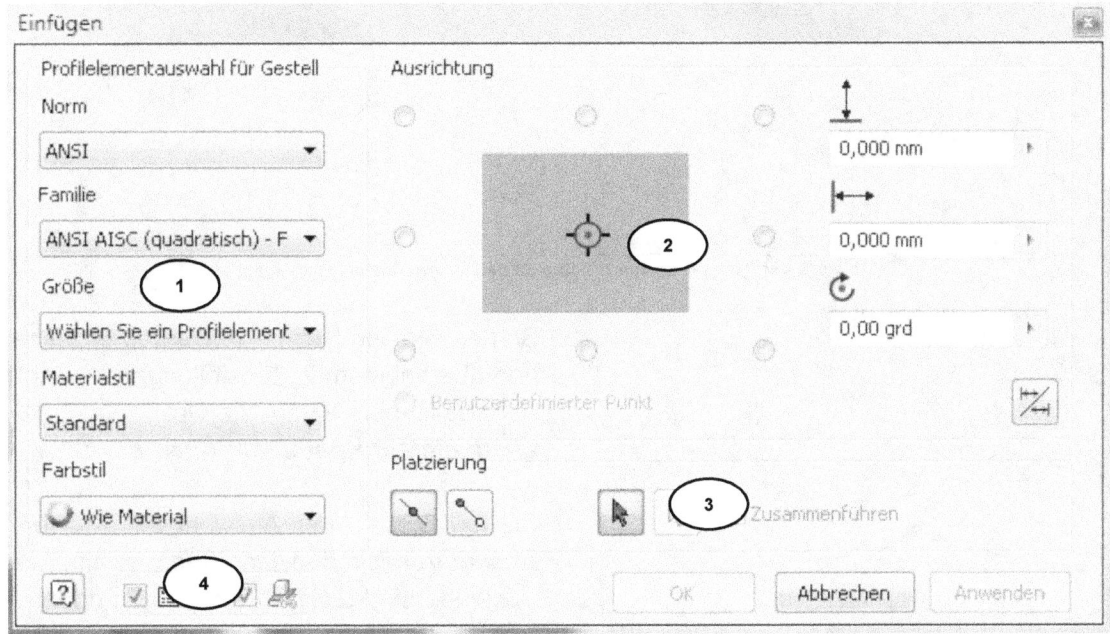

Abb. 157 Der Gestell-Generator

OPTIONEN

1) Norm, Produktfamilie, Größe, Material- und Farbstil wählen
2) Definition der Ausrichtung des Profilelementes entlang der Referenz
3) Art der Referenz (Punkte/ Kanten)
4) Dateinummer und Bauteilname automatisch aus dem Inhaltscenter abrufen

3.9.2 Erzeugen des Motorradrahmens und der beiden Reifen

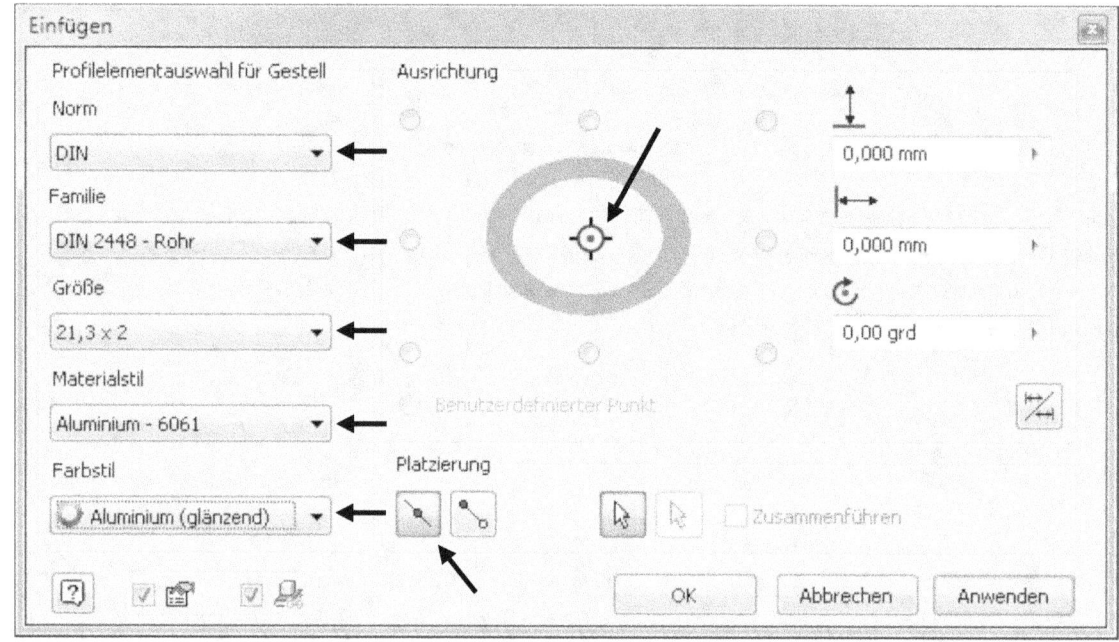

Abb. 158 Der Gestell-Generator (Rohre für den Motorradrahmen erzeugen)

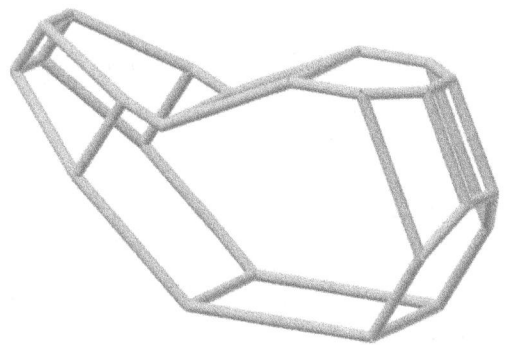

Abb. 159 Darstellung der Referenzkanten für den Motorradrahmen

Starten Sie den Befehl **Gestell einfügen** und übernehmen die Einstellungen aus Abb. 158. Besonders ist auf die Option **Profilelemente auf Kanten einfügen** zu achten.

Starten Sie mit der Auswahl der **Referenzkanten** für den Motorradrahmen. Auszuwählen sind lediglich die Kanten des großen Volumenkörpers, nicht der beiden Reifen. In Abb. 159 wurden die Kanten übernommen und der Rahmen erzeugt.

Verwenden Sie diese Abb. als Vorlage. Der große Volumenkörper besitzt Aussparungen für die Reifen. Achten Sie darauf, die Kanten dieser Aussparungen nicht zu markieren.

Wenn die markierten Kanten bei Ihnen mit der oberen Abb. übereinstimmen, kann die erste Berechnung der Rahmenmodelle mittels **Anwenden** gestartet werden. Die sich daraufhin öffnenden Fenster, können jeweils durch **OK** bestätigt werden.

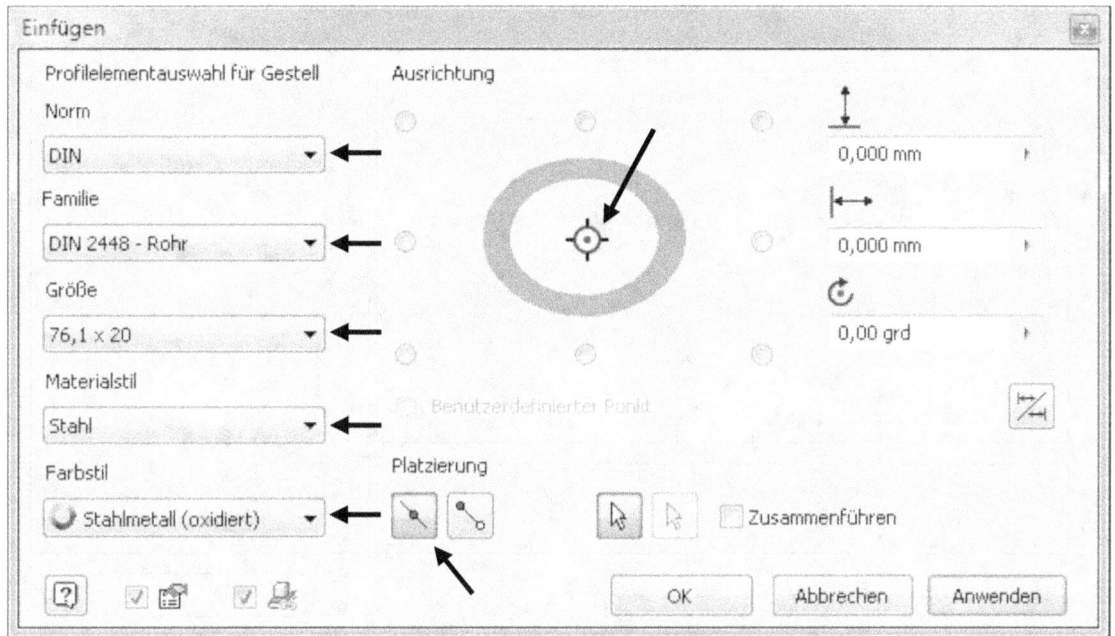

Abb. 160 Der Gestell-Generator (Rohre für die Reifen erzeugen)

Die Berechnung wird unter Umständen etwas Zeit in Anspruch nehmen. Nach der Fertigstellung sind die erzeugten Rohre bereits sichtbar, der Volumenkörper des Rahmens ist ebenfalls noch aktiv. Diesen benötigen wir, um die beiden Räder darzustellen.

Abb. 161 (L) Auswahl der Referenzkanten; (M) Rohrsegmente wurden erzeugt; (R) Rahmen im Modellbaum

Nach der Fertigstellung der Rohre für den Motorradrahmen, übernehmen Sie die Einstellungen aus Abb. 160 und wählen als *Referenzen* die äußeren Kanten der Räder (Abb. 161 - L). Den Befehl dann mit *OK* bestätigen und schließen.

Die Bearbeitung des Rahmens muss jetzt kurz *verlassen* werden, um die **Sichtbarkeit** des **Motorradrahmens** im Modellbaum wieder zu **deaktivieren** (rechte Maustaste > Sichtbarkeit). Der Rahmen wird als eigenständige Baugruppe erzeugt. Da weitere Arbeiten daran notwendig sind, muss diese jetzt wieder geöffnet werden. Doppelklicken Sie hierfür die Baugruppe **Frame0001** im Modellbaum (Abb. 161 - R).

3.9.3 Befehlsgrundlagen GEHRUNG

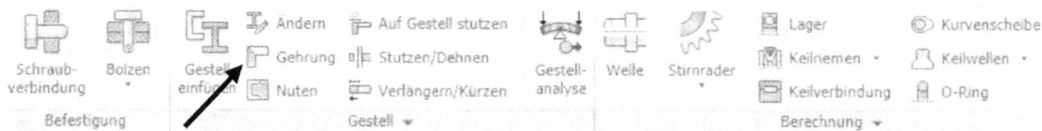

Abb. 162 Der Befehl Gehrung

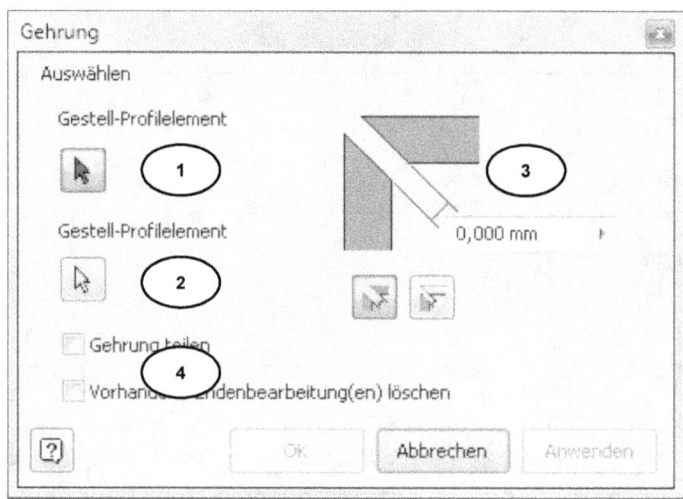

Abb. 163 Der Befehl Gehrung

Mit dem Befehl **Gehrung** können Profilelemente aufeinander zugeschnitten werden, welche mit dem Gestell-Generator erzeugt wurden. Diese werden mit einer Gehrung versehen.

OPTIONEN
---

1) Auswahl erstes Profilelemente
2) Auswahl zweites Profilelemente
3) Teilung der Gehrung, Löschen bereits vorhandener Bearbeitungen
4) Abstand der beiden Elemente zueinander, Ausrichtung des Gehrungsschnittes

3.9.4 Rohrsegmente durch Gehrung aneinander anpassen

Nachdem die einzelnen Rohre, entsprechend der vorgegebenen Kanten des Volumenkörpers **Motorradrahmen** erzeugt wurden, müssen diese noch aufeinander angepasst werden.

Der der Befehl **Gehrung** ermöglicht ein automatisches Zuschneiden zweier Elemente aus dem Gestell-Generator aufeinander. Die Änderungen werden in die Bauteile übernommen.

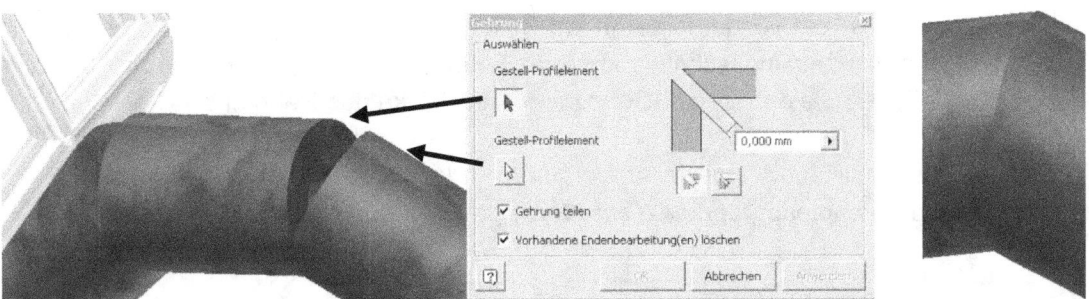

Abb. 164 (L) Rohrsegmente der Reifen anpassen; (R) Lücke geschlossen, Gehrung vorhanden

Starten Sie den Befehl **Gehrung** und wählen als Referenzen für das **Gestell-Profilelement eins** und **zwei**, nacheinander die beiden in Abb. 164 - L markierten Rohrsegmente. Die Optionen **Gehrung teilen** und **Vorhandene Endenbearbeitung(en) löschen** danach aktivieren und die Auswahl durch **Anwenden** bestätigen.

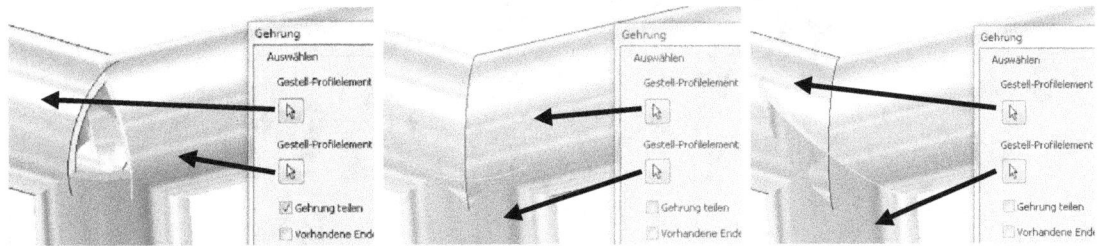

Abb. 165 (L) Erste Gehrung; (M) Zweite Gehrung; (R) Dritte Gehrung

Abb. 166 Eckverbindung des Rahmens mit drei Gehrungen

Das Programm errechnet den optimalen Zuschnitt der Segmente und bearbeitet die beiden Rohre. Nachdem die erste Gehrung erzeugt wurde, wiederholen Sie den Befehl bei den restlichen Segmenten beider Reifen. Wenn alle Verbindungen der Reifen lückenlos geschlossen wurden, wird der Befehl beim Rahmen des Motorrades wiederholt.

Hier treffen allerdings jeweils drei Rohrsegmente aufeinander, je Schnittstelle muss der Befehl daher auch dreimal ausgeführt werden. Suchen Sie sich eine beliebige Ecke des Motorradrahmens heraus und beginnen dort mit der Bearbeitung.

HINWEIS: Achten Sie darauf, dass die Option **Vorhandene Endenbearbeitung(en) löschen** bei der Bearbeitung der Rohrsegmente für den Motorradrahmen **deaktiviert** sein muss!

Abb. 165 zeigt Ihnen die Reihenfolge, in welcher die Referenzen gewählt werden sollen. Zwischen jedem Bearbeitungsschritt, muss der Befehl durch **Anwenden** bestätigt werden. Wiederholen Sie den Befehl **Gehrung** für jede Ecke des Rahmens.

Wenn alle Ecken vollständig bearbeitet worden sind, kann die Baugruppe **Frame0001** verlassen und die Hauptbaugruppe **4-Takt-Motor** gespeichert werden.

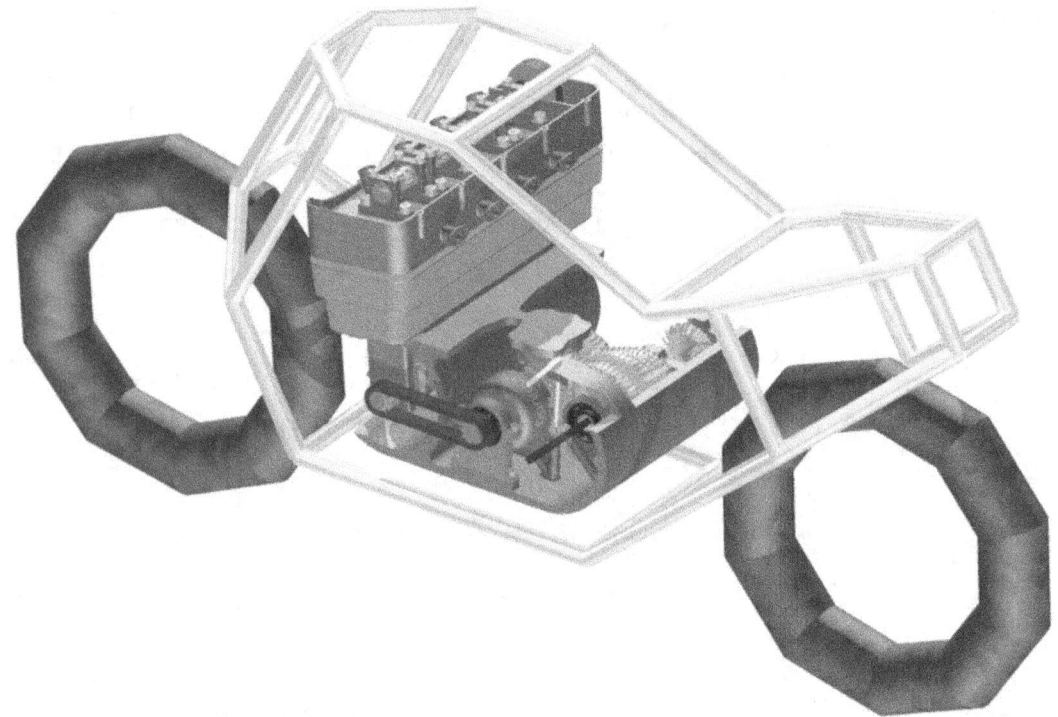

Abb. 167 Motor, Getriebe, Rahmen und Reifen nach Fertigstellung

Mit dieser letzten Übung, soll der Ausflug in den Bereich **Konstruktion** mit **Autodesk® Inventor® 2012** abgeschlossen werden.

Wir hoffen Sie hatten bei der Realisierung des Übungsprojektes viel Spaß. Anregungen, Fragen und Kritiken sind jederzeit willkommen und können unter der folgenden E-Mail-Adresse kommuniziert werden:

> **schlieder@ingenieurbuero-schlieder.de**

Vielen Dank.

ABBILDUNGSVERZEICHNIS

ABB. 1 ZAHNRIEMEN MIT SPANNROLLE UND ZUGFEDER (SCHEMATISCHE DARSTELLUNG)	4
ABB. 2 DER ZAHNRIEMEN-GENERATOR	4
ABB. 3 DER ZAHNRIEMEN-GENERATOR (REITER: KONSTRUKTION)	5
ABB. 4 DER ZAHNRIEMEN-GENERATOR (REITER: BERECHNUNG)	6
ABB. 5 AUSWAHL DER MITTELEBENE DES ZAHNRIEMENANTRIEBES	7
ABB. 6 RIEMENSCHEIBEN WERDEN DEN MARKIERTEN ZYLINDERFLÄCHEN (NOCKENWELLE, KURBELWELLE) ZUGEWIESEN	7
ABB. 7 ÖFFNEN DER EIGENSCHAFTEN DER ERSTEN RIEMENSCHEIBE	8
ABB. 8 EIGENSCHAFTEN DER ERSTEN RIEMENSCHEIBE	8
ABB. 9 EIGENSCHAFTEN DER ZWEITEN RIEMENSCHEIBE	9
ABB. 10 (L) HINZUFÜGEN EINES ELEMENTES; (R) AUSWAHL DER FLACHEN RIEMENSCHEIBE (METRISCH)	10
ABB. 11 MARKIERTE EBENE ALS REFERENZ FÜR DIE SPANNROLLE WÄHLEN	10
ABB. 12 EIGENSCHAFTEN DER FLACHEN RIEMENSCHEIBE	11
ABB. 13 (L) ZAHNRIEMEN AUßERHALB SPANNROLLE; (M) GEBOGENER PFEIL; (R) POSITION DES ZAHNRIEMENS WURDE KORRIGIERT	11
ABB. 14 ERWEITERTE RIEMENOPTIONEN	11
ABB. 15 ZAHNRIEMEN, SPANNROLLE UND UNTERE RIEMENSCHEIBE	12
ABB. 16 DER ZUGFEDER-KOMPONENTEN-GENERATOR	12
ABB. 17 DER ZUGFEDER-KOMPONENTEN-GENERATOR (REITER: KONSTRUKTION)	13
ABB. 18 DER ZUGFEDER-KOMPONENTEN-GENERATOR (REITER: BERECHNUNG)	14
ABB. 19 DER ZUGFEDER-KOMPONENTEN-GENERATOR (REITER: KONSTRUKTION)	15
ABB. 20 DER ZUGFEDER-KOMPONENTEN-GENERATOR (REITER: BERECHNUNG)	15
ABB. 21 (V.L.N.R) XY-EBENE ZUGFEDER; EBENEN 1. ABHÄNGIGK.; ACHSE + PUNKT 2. ABHÄNGIGK.; ACHSE + PUNKT 3. ABHÄNGIGK.	16
ABB. 22 FEDER WURDE PLATZIERT	16
ABB. 23 ERZEUGEN EINES HALBSCHNITTES	17
ABB. 24 DER DRUCKFEDER-GENERATOR	17
ABB. 25 DER DRUCKFEDER-GENERATOR (REITER: KONSTRUKTION)	18
ABB. 26 DER DRUCKFEDER-GENERATOR (REITER: BERECHNUNG)	19
ABB. 27 DER DRUCKFEDER-GENERATOR (REITER: KONSTRUKTION)	19
ABB. 28 PLATZIERUNG DER DRUCKFEDER	20
ABB. 29 DER DRUCKFEDER-GENERATOR (REITER: BERECHNUNG)	20
ABB. 30 DRUCKFEDER WURDE PLATZIERT	21
ABB. 31 GETRIEBEAUFBAU (SCHEMATISCHE DARSTELLUNG)	21
ABB. 32 PLATZIEREN DER ZWISCHENHALTER	22
ABB. 33 DER LAGER-GENERATOR	23

ABB. 34 DER LAGER-GENERATOR (REITER: KONSTRUKTION) 23
ABB. 35 DER LAGER-GENERATOR (REITER: BERECHNUNG) 24
ABB. 36 (L) AUSWAHL ZYLINDERROLLENLAGER; (R) AUSWAHL NORM, KATEGORIE UND TYP 25
ABB. 37 (L) MARKIERTE REFERENZEN (ZYLINDRISCHE FLÄCHE, STARTEBENE); (M) ERSTES LAGER WURDE ERZEUGT; (R) ALLE LAGER ERZEUGT 25
ABB. 38 (L) MARKIEREN DER DREI KOMPONENTEN IM MODELLBAUM; (R) ZWEI NEUE ORDNER 26
ABB. 39 DEN ZYLINDERROLLENLAGERN IN EINE NEUE FARBE ZUWEISEN 26
ABB. 40 (L) 1. KOMPONENTE PLATZIERT; (M) DETAILDARSTELLUNG 1. KOMPONENTE; (R) ÜBERSICHT ALLER 6 KOMPONENTEN 26
ABB. 41 (L) MARKIEREN DER SECHS NEU EINGEFÜGTEN HALTER IM MODELLBAUM; (R) NEU ERZEUGTER ORDNER 27
ABB. 42 DER SCHRAUBENVERBINDUNGS-GENERATOR 27
ABB. 43 DER SCHRAUBENVERBINDUNGS-GENERATOR (REITER: KONSTRUKTION) 28
ABB. 44 DER SCHRAUBENVERBINDUNGS-GENERATOR (REITER: BERECHNUNG) 29
ABB. 45 DER SCHRAUBENVERBINDUNGS-GENERATOR (REITER: ERMÜDUNGSBERECHNUNG) 30
ABB. 46 (L) STARTEBENE; (M) STARTEBENE, LINEARE KANTE 1 + 2; (R) AUSFÜHRUNGSTYP (UNTERE FLÄCHE) 31
ABB. 47 AUSWAHL GEWINDEDURCHMESSER 31
ABB. 48 (L) HINZUFÜGEN EINER SCHRAUBE; (R) AUSWAHL DER SCHRAUBE NACH NORM UND KATEGORIE 31
ABB. 49 (L) HINZUFÜGEN DER MUTTER; (R) AUSWAHL DER MUTTER 32
ABB. 50 EXPORTIEREN DER SCHRAUBENVERBINDUNGSDATEN 33
ABB. 51 IMPORTIEREN DER GENERIEREN SCHRAUBENVERBINDUNG 33
ABB. 52 SCHRAUBENVERBINDUNG IMPORTIERT 33
ABB. 53 VIER WEITERE SCHRAUBENVERBINDUNGEN ERZEUGEN 34
ABB. 54 AUSWAHL VON SCHRAUBENTYP, PLATZIERUNG UND GEWINDE 34
ABB. 55 (L) POSITION DER BOHRUNG; (R) STARTFLÄCHE, ZWEI REFERENZKANTEN UND SACKLOCH-STARTEBENE 35
ABB. 56 (O) HINZUFÜGEN EINER SCHRAUBE; (U) AUSWAHL DES SCHRAUBENTYPS 35
ABB. 57 (L) SCHRAUBENVERBINDUNGEN DER ANTRIEBSWELLE; (R) SCHRAUBENVERBINDUNGEN DER ABTRIEBSWELLE 35
ABB. 58 (L) KUPPLUNG EINFÜGEN; (M) KUPPLUNG UND LAGER AXIAL AUSRICHTEN; (R) KUPPLUNG AN KURBELWELLE AUSRICHTEN 36
ABB. 59 DER WELLEN-GENERATOR 37
ABB. 60 DER WELLEN-GENERATOR (REITER: KONSTRUKTION) 37
ABB. 61 DER WELLEN-GENERATOR (REITER: BERECHNUNG) 38
ABB. 62 DER WELLEN-GENERATOR (REITER: DIAGRAMME) 39

ABB. 63 DIE ANTRIEBSWELLE	40
ABB. 64 PLATZIERUNG DER WELLE: (L) ZYLINDRISCHE FLÄCHE; (M) PLANARE FLÄCHE; (R) FLÄCHE ZUR AUSRICHTUNG	40
ABB. 65 ANTRIEBSWELLE WURDE PLATZIERT UND IST IN DER VORSCHAU BEREITS SICHTBAR	40
ABB. 66 (L) WELLENABSCHNITT VOR DER BEARBEITUNG; (R) WELLENABSCHNITT NACH DER BEARBEITUNG	41
ABB. 67 (L) OPTION FASE; (R) FASEN-TYP, ABSTAND UND WINKEL FESTLEGEN	41
ABB. 68 DEFINITION VON DURCHMESSER UND LÄNGE	42
ABB. 69 (L) NEUER ABSCHNITT EINGEFÜGT; (R) MAßE DES NEUEN ABSCHNITTES WURDEN GEÄNDERT	42
ABB. 70 (L) OPTION RUNDUNG; (R) RUNDUNGSRADIUS EINGEBEN	42
ABB. 71 WEITERE WELLENABSCHNITTE ERZEUGEN	43
ABB. 72 (L) WELLE UND KUPPLUNG ISOLIERT; (M) DER WELLE DIE FARBE GLAS ZUGEWIESEN; (R) NEUE 2D-SKIZZE ERZEUGEN	43
ABB. 73 (L) PROJIZIEREN DER BOHRUNGEN; (M) BEFEHLSOPTIONEN DER EXTRUSION; (R) WELLE MIT BOHRUNGEN UND NEUER FARBE	44
ABB. 74 (L) AUSWAHL DER GEWINDEBOHRUNG; (M) AUSWAHL DER STARTFLÄCHE; (R) BEARBEITEN DER SCHRAUBENLÄNGE	45
ABB. 75 (L) SCHRAUBEN ERZEUGT; (M) ADAPTIVITÄT DER WELLE; (R) AXIALE ABHÄNGIGKEIT ERZEUGEN	45
ABB. 76 (L) WINKELABHÄNGIGKEIT UNTERDRÜCKEN; (M) NEUEN ORDNER SCHRAUBEN ERZEUGEN; (R) ISOLIERUNG BEENDET	46
ABB. 77 (L) IMPORTIEREN DER HALTERUNGEN FÜR DIE RÜCKLAUFWELLE; (R) ERZEUGEN DER SCHRAUBENVERBINDUNGEN	46
ABB. 78 DIE RÜCKLAUFWELLE	47
ABB. 79 (L) DIE ABSCHNITTE DER RÜCKKAUFWELLE; (R) PLATZIERUNG DER RÜCKLAUFWELLE IN DEN HALTERUNGEN	47
ABB. 80 DIE ABSCHNITTE DER ABTRIEBSWELLE	48
ABB. 81 DIE ABTRIEBSWELLE	48
ABB. 82 (L) HINZUFÜGEN EINES HOHLRAUMES; (R) ERZEUGEN ZWEIER FASEN	49
ABB. 83 AXIALES PLATZIEREN DER WELLE IN DEN BEIDEN MARKIERTEN LAGERN UND BÜNDIGER ABSCHLUSS AUF DER RECHTEN SEITE	49
ABB. 84 SCHEMATISCHE DARSTELLUNG DER STIRNRÄDER	50
ABB. 85 DER STIRNRÄDER-GENERATOR	50
ABB. 86 DER STIRNRÄDER-GENERATOR (REITER: KONSTRUKTION)	51
ABB. 87 DER STIRNRÄDER-GENERATOR (REITER: BERECHNUNG)	52
ABB. 88 (L) MARKIEREN DER WELLEN IM MODELLBAUM; (R) ISOLIERTE ANSICHT DER WELLEN	52
ABB. 89 DER STIRNRÄDER-GENERATOR (REITER: KONSTRUKTION) IM ERSTEN GANG	53

ABB. 90 ZAHNRAD 1 UND 2 WERDEN REFERENZEN FÜR DIE ZYLINDRISCHE FLÄCHE UND DIE STARTEBENE ZUGEWIESENEN 53

ABB. 91 (L) ZAHNRADPAAR LINKS VON DER STARTEBENE; (R) POSITION DES ZAHNRADPAARES KORRIGIERT (RECHTS VON DER STARTEBENE) 54

ABB. 92 (L) ABHÄNGIGKEITEN (FLUCHTEND) IM MODELLBAUM; (M) BEARBEITUNG DER ABHÄNGIGKEITEN; (R) ZAHNRÄDER AN NEUER POSITION 54

ABB. 93 DER STIRNRÄDER-GENERATOR (REITER: KONSTRUKTION) IM ZWEITEN GANG 55

ABB. 94 ZAHNRADPAARE (1. UND 2. GANG) 56

ABB. 95 DER STIRNRÄDER-GENERATOR (REITER: KONSTRUKTION) IM DRITTEN GANG 56

ABB. 96 1., 2., 3. UND 4. GANG 56

ABB. 97 DER STIRNRÄDER-GENERATOR (REITER: KONSTRUKTION) IM VIERTEN GANG 57

ABB. 98 (V.L.N.R.) ZAHNRÄDER WURDEN EINGEFÜGT; STIRNRAD1 AXIAL BEFESTIGT; STIRNRAD2 AXIAL BEFESTIGT; STIRNRAD3 AXIAL BEFESTIGT 57

ABB. 99 POSITIONIERUNG DER ZAHNRÄDER IN DER BESCHRIEBENEN REIHENFOLGE 58

ABB. 100 ANTRIEBSWELLE UND ZAHNRAD1 DES RÜCKWÄRTSGANGES WERDEN DURCH EINE DREHBEWEGUNG MITEINANDER VERBUNDEN 59

ABB. 101 (L) MARKIERTE POSITIONEN, AN DENEN DIE ZAHNRÄDER INEINANDER GREIFEN MÜSSEN; (R) NEUE BEWEGUNGSABHÄNGIGKEIT 59

ABB. 102 (L) ABHÄNGIGKEIT ZW. ANTRIEBS- UND RÜCKLAUFWELLE; (R) ABHÄNGIGKEIT ZW. RÜCKLAUF- UND ABTRIEBSWELLE 60

ABB. 103 (L) ABHÄNGIGKEIT ZWISCHEN ZAHNRAD (VIERTER GANG) UND ABTRIEBSWELLE ERZEUGEN; (R) DETAILANSICHT DER ABTRIEBSWELLE 61

ABB. 104 (L) NEUER ORDNER STIRNRÄDER; (R) LAGER WURDE EBENFALLS IN DEN ORDNER LAGER VERSCHOBEN 61

ABB. 105 SCHEMATISCHE DARSTELLUNG KEGELRADGETRIEBE 62

ABB. 106 WELLEN-GENERATOR MIT DEN WERTEN DER NEUEN WELLE 62

ABB. 107 (V.L.N.R) LAGER KOPIERT; LAGERFLÄCHE AUF GEHÄUSEWAND PLATZIEREN; LAGER AXIAL AUF WELLE SETZEN; FARBE ÄNDERN 63

ABB. 108 DER KEGELRÄDER-GENERATOR 63

ABB. 109 DER KEGELRÄDER-GENERATOR (REITER: KONSTRUKTION) 64

ABB. 110 DER KEGELRÄDER -GENERATOR (REITER: BERECHNUNG) 65

ABB. 111 DER KEGELRÄDER-GENERATOR (ANTRIEBS- UND TELLERRAD) 65

ABB. 112 (L) KEGELRADPAAR NACH DEM EINFÜGEN IN DIE BAUGRUPPE; (R) KEGELRADPAAR NACH DEM AUSRICHTEN (DREHEN) 66

ABB. 113 ACHSEN DER KEGELRÄDER AUF ACHSEN DER WELLEN PLATZIEREN 66

ABB. 114 KEGELRAD UND ABTRIEBSWELLE MIT BEWEGUNGSABHÄNGIGKEIT VERSEHEN 67

ABB. 115 DRITTES KEGELRAD MIT AXIALEN UND ABSTANDSABHÄNGIGKEITEN VERSEHEN 67
ABB. 116 (L) KEGELRÄDER WURDEN ISOLIERT; (M) KEGELRAD DREHEN BIS ZÄHNE INEINANDERGREIFEN; (R) NEUE BEWEGUNGSABHÄNGIGKEIT 68
ABB. 117 DER ROLLENKETTEN-GENERATOR 68
ABB. 118 DER ROLLENKETTEN-GENERATOR (REITER: KONSTRUKTION) 69
ABB. 119 DER ROLLENKETTEN-GENERATOR (REITER: BERECHNUNG) 70
ABB. 120 SCHEMATISCHE DARSTELLUNG EINER ROLLENKETTE MIT ZWEI KETTENRÄDERN 70
ABB. 121 DER ROLLENKETTEN-GENERATOR (REITER: KONSTRUKTION) 71
ABB. 122 KETTEN-MITTELEBENE, VERSATZ UND ANZAHL DER KETTENSTRÄNGE WÄHLEN 71
ABB. 123 ALLE KETTENRÄDER BIS AUF ZWEI KETTENRÄDER LÖSCHEN 72
ABB. 124 HINZUFÜGEN ZWEIER NEUER KETTENRÄDER 72
ABB. 125 ZUWEISEN DER ZYLINDRISCHEN FLÄCHEN (KURBELWELLE, KUPPLUNG) ALS REFERENZEN FÜR DIE BEIDEN KETTENRÄDER 72
ABB. 126 (L) EINSTELLUNGEN ERSTES KETTENRAD; (R) EINSTELLUNGEN ZWEITES KETTENRAD 73
ABB. 127 EIGENSCHAFTEN DES ERSTEN KETTENRADES BEARBEITEN 73
ABB. 128 BEARBEITEN DER EIGENSCHAFTEN DES ZWEITEN KETTENRADES 74
ABB. 129 BEIDE KETTENRÄDER MIT DEN ANGRENZENDEN KOMPONENTEN (KURBELWELLE, KUPPLUNG) DURCH ABHÄNGIGKEITEN VERBINDEN 74
ABB. 130 ANIMATION DER WINKELABHÄNGIGKEIT 75
ABB. 131 BAUTEIL NACH ABHÄNGIGKEIT BEWEGEN 75
ABB. 132 SCHEMATISCHE DARSTELLUNG DER ROLLENKETTE FÜR DIE GANGSCHALTUNG 75
ABB. 133 AUSWAHL DES KETTENTYPS 76
ABB. 134 AUSWAHL DER KETTEN-MITTELEBENE 76
ABB. 135 VERSATZ DER MITTELEBENE UND ANZAHL DER KETTENSTRÄNGE DEFINIEREN 76
ABB. 136 HINZUFÜGEN VON ZWEI NEUEN KETTENRÄDERN UND EINER SPANNROLLE 77
ABB. 137 ZUORDNEN DER OPTIONEN 77
ABB. 138 DEFINITION DER GEOMETRISCHEN MERKMALE DER DREI KETTENRÄDER 77
ABB. 139 DEFINITION DER GEOMETRISCHEN MERKMALE DER SPANNROLLE 78
ABB. 140 DEFINITION DER REFERENZEN FÜR KETTENRAD EINS UND ZWEI 78
ABB. 141 DEFINITION DER REFERENZEN FÜR KETTENRAD DREI UND SPANNROLLE 79
ABB. 142 DREHRICHTUNG DER PFEILE GEÄNDERT, KETTE (MARKIERT) VERLÄUFT AUßEN UM DIE KETTENRÄDER 79

ABB. 143 MARKIERTER PFEIL	79
ABB. 144 (L) SCHEMATISCHE DARSTELLUNG; (M) KEGELRÄDER MIT ABHÄNGIGKEITEN VERSEHEN; (R) KEGELRÄDER POSITIONIERT	80
ABB. 145 (L) GANGHEBEL + KEGELRAD AXIAL VERBINDEN; (M) GANGHEBEL + KEGELRAD PLANAR VERBINDEN; (R) KEGELRÄDER AUSRICHTEN	81
ABB. 146 ABHÄNGIGKEITEN SETZEN ZWISCHEN: (L) GANGHEBEL + KEGELRAD; (M) KEGELRAD + KETTENRAD; (R) KEGELRAD + KEGELRAD	81
ABB. 147 NEUEN ORDNER ERZEUGEN	82
ABB. 148 SCHEMATISCHE DARSTELLUNG DER KEILWELLEN AM WELLENENDE DES DRITTEN KEGELRADES	82
ABB. 149 DER KEILWELLEN-GENERATOR	82
ABB. 150 DER KEILWELLEN-GENERATOR (REITER: KONSTRUKTION)	83
ABB. 151 DER KEILWELLEN-GENERATOR (REITER: BERECHNUNG)	84
ABB. 152 (L) WELLEN-TYP WÄHLEN; (R) REFERENZEN DEFINIEREN (NUT IN WELLE)	84
ABB. 153 (L) ABMESSUNGEN DER KEILWELLEN FESTLEGEN; (R) DEAKTIVIEREN DER OPTION NUT IN NABE	85
ABB. 154 KEILWELLEN-NUTEN WURDEN ERZEUGT	85
ABB. 155 SCHEMATISCHE DARSTELLUNG DES RAHMENS	85
ABB. 156 DER GESTELL-GENERATOR	86
ABB. 157 DER GESTELL-GENERATOR	86
ABB. 158 DER GESTELL-GENERATOR (ROHRE FÜR DEN MOTORRADRAHMEN ERZEUGEN)	87
ABB. 159 DARSTELLUNG DER REFERENZKANTEN FÜR DEN MOTORRADRAHMEN	87
ABB. 160 DER GESTELL-GENERATOR (ROHRE FÜR DIE REIFEN ERZEUGEN)	88
ABB. 161 (L) AUSWAHL DER REFERENZKANTEN; (M) ROHRSEGMENTE WURDEN ERZEUGT; (R) RAHMEN IM MODELLBAUM	88
ABB. 162 DER BEFEHL GEHRUNG	89
ABB. 163 DER BEFEHL GEHRUNG	89
ABB. 164 (L) ROHRSEGMENTE DER REIFEN ANPASSEN; (R) LÜCKE GESCHLOSSEN, GEHRUNG VORHANDEN	90
ABB. 165 (L) ERSTE GEHRUNG; (M) ZWEITE GEHRUNG; (R) DRITTE GEHRUNG	90
ABB. 166 ECKVERBINDUNG DES RAHMENS MIT DREI GEHRUNGEN	90
ABB. 167 MOTOR, GETRIEBE, RAHMEN UND REIFEN NACH FERTIGSTELLUNG	91

INDEX

A

Abschließende Arbeiten an der Antriebswelle	45
Animation des 4-Takt-Motors	75

B

Befehlsgrundlagen DRUCKFEDER-GENERATOR	17
Befehlsgrundlagen GEHRUNG	89
Befehlsgrundlagen GESTELL-GENERATOR	86
Befehlsgrundlagen KEGELRÄDER-GENERATOR	63
Befehlsgrundlagen KEILWELLEN-GENERATOR	82
Befehlsgrundlagen LAGER-GENERATOR	23
Befehlsgrundlagen ROLLENKETTEN-GENERATOR	68
Befehlsgrundlagen SCHRAUBENVERBINDUNGS-GENERATOR	27
Befehlsgrundlagen STIRNRÄDER-GENERATOR	50
Befehlsgrundlagen WELLEN-GENERATOR	37
Befehlsgrundlagen ZAHNRIEMEN-GENERATOR	4
Befehlsgrundlagen ZUGFEDER-KOMPONENTEN-GENERATOR	12
Befestigung der Lagerhalterungen	27
Befestigungsflansch der Antriebswelle mit Bohrungen versehen	43

D

Der Umgang mit dem Buch	3
Digitales Zubehör zum Buch	3
Druckfeder zwischen Ventil und Zylinderkopf erzeugen	19

E

Erzeugen des Motorradrahmens und der beiden Reifen	87
Erzeugen einer Keilwellenverbindung an der Getriebeausgangswelle	84
Erzeugen eines Zylinderollenlagers	24

G

Getriebekonstruktion	21

I

Importieren der Halterungen für die Rücklaufwelle	46
Importieren der Lamellenkupplung	36
Importieren der oberen Lagerhalterungen	26
Importieren der unteren Lagerhalterungen	22
Importieren der Zahnräder für den Rückwärtsgang	57

K

Kettenantrieb mit Bewegungsabhängigkeiten versehen	74
Kettenschaltung mit Schalthebel und Kegelradpaar versehen	80
Komplettierung des Kurbeltriebes	4
Konstruktion der Abtriebswelle	48
Konstruktion der Antriebskette	70
Konstruktion der Antriebswelle	40
Konstruktion der Getriebewellen	36
Konstruktion der Rollenkette für die Gangschaltung	75
Konstruktion der Rücklaufwelle	47
Konstruktion der Zahnradpaare	50
Konstruktion der Zahnradpaare für die restlichen Vorwärtsgänge	55
Konstruktion des Kegelradgetriebes	62
Konstruktion des Kegelradgetriebes	65
Konstruktion des Zahnradpaares für den ersten Gang	52
Konstruktion einer Druckfeder	17
Konstruktion einer Keilwellenverbindung	82
Konstruktion eines Zahnriemenantriebes	4
Konstruktion von Rahmen und Reifen	85

L

Lagerhalterungen der Antriebswelle miteinander verbinden	30
Lagerhalterungen der Wellen am Motorgehäuse befestigen	34
Lagerung der Antriebs- und Abtriebswelle	22

M

Modellbaum strukturieren	27
Modellbaum strukturieren und Farbe zuweisen	26

R

Rohrsegmente durch Gehrung aneinander anpassen	89
Rollenketten erzeugen	68

S

Schrauben aus dem Inhaltscenter importieren	44
Spannrolle des Zahnriemens mit einer Zugfeder beaufschlagen	14

T

Theoretische Grundlagen zum Getriebeaufbau	21
Theoretische Grundlagen zum Zahnriemenantrieb	4

W

Welle und Lager zur Platzierung der Kegelräder arrangieren	62
Wellen und Zahnräder mit Bewegungsabhängigkeiten versehen	58

Z

Zahnriemenantrieb zwischen Nocken- und Kurbelwelle erzeugen	7
Zielgruppe & Aufbau des Buches	3

www.ingramcontent.com/pod-product-compliance
Lightning Source LLC
Chambersburg PA
CBHW082209220526
45470CB00010B/3105